Andrea Fischer
Bernd Ritschel

# ALPENGLETSCHER

Mont-Blanc-Gruppe: Planpincieuxgletscher, vom Gipfel des Mont Chétif aus gesehen, 2019

# ALPENGLETSCHER

*Eine Hommage*

Fotografie BERND RITSCHEL
Texte ANDREA FISCHER
und BERND RITSCHEL

Tyrolia-Verlag · Innsbruck-Wien

Seite 4/5
**Walliser Alpen:** Breithorn mit Theodulgletscher, 2019

Seite 6/7
**Walliser Alpen:** Monte-Rosa-Gletscher, 2019

Seite 8/9
**Ötztaler Alpen:** Gepatschferner, 2017

Seite 10/11
**Mont-Blanc-Gruppe:** Aiguille du Dru mit Nant-Blanc-Gletscher, 2019

Seite 12/13
**Ötztaler Alpen:** Taschachferner, 2018

Seite 14/15
**Walliser Alpen:** Lysgletscher, Monte-Rosa-Gebiet, 2019

# Zum Einstieg

*Wo der Gletscher aufragt, hört das Land auf, irdisch zu sein,*
*und die Erde hat Anteil am Himmel,*
*dort wohnen keine Sorgen mehr,*
*und deshalb ist die Freude nicht nötig,*
*dort herrscht allein die Schönheit, über jede Forderung erhaben.*

*Halldór Laxness, Weltlicht, 1955*

Dieses Buch ist eine Hommage an die Alpengletscher und als solche voller persönlicher Eindrücke dieser Welt zwischen Himmel und Erde. Die Botschaft der Gletscher vermitteln dabei die Bilder, das Wort hilft, die Kontur der Landschaft und ihrer Geschichte zu schärfen und tiefer in das Bild einzutauchen. Wort und Bild: Das sind in diesem Fall auch die unterschiedlichen Perspektiven und Geschichten zweier Menschen*, deren Leben seit Jahrzehnten mit der alpinen Gletscherwelt verbunden ist. Als Wissenschaftlerin und Alpinistin, als Fotograf und Bergsteiger haben wir beide sehr viel Zeit auf unseren Gletschern verbracht und miterlebt, wie stark und schnell sich die Welt des Hochgebirges verändert.

Dieser Prozess berührt und beschäftigt uns zutiefst. Als wir mit dem Bergsteigen begannen und erstmals ins vergletscherte Hochgebirge kamen, gab es dort noch große, weite Firnflächen und steile Eiswände, klassische Hochtouren, ja sogar Skitouren im Hochsommer. Seitdem haben sich die Gletscher, aber auch die ganze Welt in vielerlei Hinsicht gewandelt – und natürlich auch wir selbst. Der Enthusiasmus und die Begeisterungsfähigkeit der frühen Jahre am Berg ist der Erfahrung und Routine gewichen. Gleich geblieben ist aber die Faszination für den Gletscher. In vielen schönen, spannenden, mühsamen, anstrengenden und frohen Stunden am Gletscher war es eines nie: langweilig. Wie man nie zweimal in denselben Fluss steigen kann, so betritt man nie denselben Gletscher. Schon beim Abstieg ist das Eis, das man während des Aufstiegs betreten hat, geschmolzen, und der Eiskörper ist einige Zentimeter talwärts geflossen.

Die volle Bandbreite der Änderung der Alpengletscher lässt sich innerhalb eines Menschenlebens nicht erfahren, hier sind wir auf die Dokumente unserer Vorfahren und die Spuren der Gletscher in der Landschaft angewiesen. Es ist ein spannendes Unterfangen und durchaus erhellend für den eigenen Standpunkt, den Wandel der Gletscher und ihrer Bedeutung für die Menschen in den Alpen aus dieser größeren, Generationen überschreitenden Perspektive zu sehen. Naturgemäß kann ein Buch, das Erlebnisse sammelt, kein Bericht des wissenschaftlichen Konsenses sein – dazu sei auf die Weltklimaberichte verwiesen. Es sind gerade die Zwischen- und Nebentöne, die nicht so sehr in Zahlen zu fassen sind, die hier Platz haben dürfen.

So laden wir Sie, liebe Leserin, lieber Leser, ein, sich mit uns zu den Gletschern aufzumachen, innezuhalten und zu staunen. Nahe den Gletschern ist Platz zum Verweilen, dort kann sich Ehrfurcht und Achtsamkeit in Stille entfalten. Dort können wir zu uns kommen – abseits des hektischen Alltags in einem sich immer schneller drehenden Weltgetriebe. Die

**Ötztaler Alpen:** Gletschermühle im Gepatschferner, 1996

vielen Tonnen Eis, die sich gemächlich, aber unaufhaltsam talwärts wälzen, weisen uns auf die Nichtigkeit und Nicht-Dringlichkeit vieler Dinge hin, die wir gemeinhin für sehr wichtig und sehr dringend halten.

Die Alpengletscher, die noch vor 150 Jahren in die bewirtschafteten Gebiete vorrückten und mit Bittprozessionen zum Rückzug bewegt werden sollten, sind heute zum Symbol des vom Menschen verursachten Klimawandels geworden. Wir fühlen uns an einer Zeitenwende, an der wir gefordert sind, unsere Möglichkeiten zum besseren Leben auch zu nutzen. Nach Jahrhunderten der Konflikte sind sich erstmals Wissenschaft, Politik und Vertreter großer Religionsgemeinschaften weitgehend einig: Wir müssen gemeinsam Sorge tragen für unsere Umwelt, die unsere Natur und unsere Mitmenschen umfasst.

Aus der Geschichte der Erforschung der Natur, die in diesem Buch geschildert ist, wird klar, dass Entwicklungen immer Zeit in Anspruch nehmen. Es braucht Überzeugung, Mut und Zuversicht, um zu einem guten Ende zu kommen. Aber jede Tour, jede Reise, jedes Vorhaben beginnt mit dem ersten Schritt, an den viele weitere gereiht werden. Also gehen wir es an, den Gletschern gleich, die nur aus Wasser bestehen und doch unaufhaltsam den Untergrund formen! AF/BR

*Nichts in der Welt ist weicher und schwächer als Wasser*
*und doch gibt es nichts, das wie Wasser*
*Starres und Hartes bezwingt*
*unabänderlich strömt es nach seiner Art*
*dass Schwaches über Starkes siegt*
*Starres Geschmeidigem unterliegt*
*wer wüsste das nicht?*
*doch wer handelt danach!*

*Lao-tse, Tao-Tê-King*

* Im Folgenden sind die Texte von Andrea Fischer mit dem Kürzel AF gekennzeichnet, die von Bernd Ritschel mit BR.

Hohe Tauern: Gletscherbach der Pasterze, 2017

**Mont-Blanc-Gruppe:** Argentièregletscher, 2019. In den Séracs sind die Jahresringe des Gletschers gut sichtbar: Dunkle Schichten zeigen sommerliche Schmelzhorizonte an, der Schnee des Winters bleibt bei der Verdichtung zu Gletschereis hell.

Seite 22/23
**Berner Alpen:** Gletscherschlucht des Unteren Grindelwaldgletschers, 2006. Die Schlucht wurde über Jahrtausende vom Eis und Schmelzwasser des Gletschers geformt.

Zumsteinspitze,
d Grenzgletscher,

# Vom Eis und seiner Ewigkeit: Die Geschichte der Gletscher

*... a man who keeps company with glaciers comes to feel tolerably insignificant by and by. The Alps and the glaciers together are able to take every bit of conceit out of a man and reduce his self-importance to zero if he will only remain within the influence of their sublime presence long enough to give it a fair and reasonable chance to do its work.*

*Mark Twain, A Tramp Abroad*[1]

Gleißend weiße Gipfel nahe den Gestirnen und den Göttern – Gletscher faszinieren uns Menschen. An diesen veränderlichsten Bausteinen der festen Erdoberfläche wird der stete Wandel unserer Umwelt anschaulich, von dem antike Philosophen wie Heraklit (ca. 520–460 v. Chr.) und frühe Geographen wie Alexander von Humboldt (1769–1859) schrieben. Im Unterschied zum Schnee und Eis der winterlichen Jahreszeit wurden die Gletscher als „ewiges Eis" bezeichnet. Wer des Abends unter dem Licht der Sterne auf Gletschern verweilen darf, fühlt sich tatsächlich der Ewigkeit nahe. Die Ewigkeit und Unendlichkeit der Eisfelder, in den ersten Gletscherkarten mit *glacies continua et perpetua*[2] beschrieben, ist heute nicht nur veränderlich, sondern auch sehr endlich geworden – wie die ganze Welt. Das Universum und die Sterne haben durch den Urknall Anfang und Ende bekommen, die Hebung und Erosion des Gebirges ist messbar, und die Alpengletscher sind weder ewig noch unendlich. Die gefühlte Unendlichkeit, die uns des Nachts beim Anblick des Sternenhimmels über dem Gletscher beschleicht, ist also eher eine im Sinne Mark Twains; in der Art der Erkenntnis, dass unsere individuelle Lebensspanne und unser Gewicht doch recht klein ist gegen die Prozesse unserer Hochgebirgsumwelt.

Gletscher ändern sich langfristig mit dem Klima, aber auch kurzfristig innerhalb weniger Stunden oder gar Minuten: Wer den Gipfeln zustrebt, oder auch einen Eisfall bezwingen will, weiß: *Kairos*, der richtige Moment des Handelns, der günstige Augenblick ist es, der zum Erfolg führt: Zum falschen Zeitpunkt werden Lawinen, Sumpf, zu tiefer Schnee, blankes Eis oder Steinschlag das Vorhaben vereiteln. Zum richtigen Zeitpunkt, am richtigen Tag der Saison, erleben wir eine genussvolle Hoch- oder Eistour – der Firn trägt den ganzen Tag und erlaubt trotzdem sicheren Tritt. Zum falschen Zeitpunkt hingegen erleben wir ein Desaster. Auch das macht die Faszination Eis aus: Wir wissen, dass die Zeit, die uns für eine Unternehmung zur Verfügung steht, immer begrenzt ist – die Zeit am Tag, die Zeit im Jahr, die Zeit im Leben. Der Winterschnee oder Firn schmilzt, das Blankeis kommt zum Vorschein, die Spaltenbrücke trägt nicht mehr, die Steine lösen sich aus dem Eis und kommen uns entgegen, der Firn wird zum knietiefen Sumpf. Ob wir die Route schaffen, hängt daran, ob wir zum günstigen Zeitpunkt schneller sind, als der Gletscher sich zu unseren Ungunsten ändern kann.

In den letzten zwei Jahrzehnten sind die Bilder der zurückweichenden Gletscher zum Symbol des vom Menschen

**Ötztaler Alpen:** Schalfkogel und Diemferner, 2018 (Nachtaufnahme)

verursachten Klimawandels geworden. Die Beziehung zwischen dem Menschen und seiner Umwelt, die kulturgeschichtlich zwischen „Macht euch die Erde untertan“ und der Bewahrung der Natur pendelt, spiegelt sich in den Bildern der verschwindenden Gletscher – und dem Wunsch, deren ursprüngliche Schönheit für die nächsten Generationen zu retten. Ob wir das schaffen? Auch hier ist es eine Frage der Tourenplanung: Werden wir die Welt zu unseren Gunsten verändern können oder wird die Welt uns ändern? Um die Gletscher und deren Bedeutung für die Menschen zu fassen, müssen wir uns ihnen auf verschiedenen Wegen nähern. Gletscher sind Teil und Gestalter der Hochgebirgslandschaft, Archive vergangener und Indikatoren derzeitiger Klimaänderungen und Speicher im Wasserkreislauf. Der Alpenraum erwärmt sich rascher als andere Gebiete der Erde, hier werden wir den zukünftigen Klimawandel durch die Verschiebung der Zonen nach oben sehr gut beobachten können.

Auch die Nutzung der Gletscher hat sich stark gewandelt. Waren sie früher ein notwendiges Übel beim Überqueren von Pässen zu Handel, Reise, Beweidung, Bergbau oder Jagd, sind heute die Gletscher selbst von Interesse: ihr Schmelzwasser zur Energiegewinnung und ihre Schneeflächen für Skigebiete. Mit der fortschreitenden Nutzung etablierte sich auch der Gletscherschutz, der den Erhalt der Gletscher in ihrer ursprünglichen und wilden Natur zum Ziel hat, als letzte Bastion des Ungezähmten in einer durcherschlossenen Alpenlandschaft.

## Bestandsaufnahme: Zahlen und Fakten

In den Alpen gibt es etwa 4400 Gletscher, die eine Fläche von etwa 1800 Quadratkilometern[3] bedecken. Das ist etwas weniger als die Fläche Osttirols und etwas mehr als die Fläche Roms. Die Gletscher der Alpen sind gegenüber den Eisschilden der Antarktis und Grönlands sehr klein. Die Gebirgsgletscher der Erde bedecken eine Fläche von etwa 706.000 Quadratkilometern[4]. Auch wenn im Eis der Polargebiete, das bis zu drei Kilometer dick ist, wesentlich mehr Wasser gespeichert ist, so trugen doch die kleineren Gebirgsgletscher durch ihr Abschmelzen zwischen 1961 und 2016 fast drei Zentimeter zum Anstieg des Meeresspiegels bei. Das ist gleich hoch wie der derzeitige Beitrag Grönlands und deutlich mehr als der Beitrag der Antarktis!

In den Alpen verlieren wir derzeit über die gesamte Gletscherfläche gemittelt jährlich zwischen einem halben Meter und einem Meter Eis[5], wobei die regionalen Unterschiede beträchtlich sind. Pro Jahr gehen in den Alpen fast 40 Quadratkilometer Gletscherfläche verloren, das ist die Hälfte der Fläche des Chiemsees. In extremen Sommern wie 2015 und 2017 kann an einzelnen Gletschern auch eine im Mittel über zwei Meter dicke Eisschicht den Bach hinuntergehen. Das ist schon recht viel, wenn man bedenkt, dass die vielen kleinen Gletscher nur zwischen 50 und 100 Meter dick sind. Nur an den Zungen der großen Gletscher der Alpen kann das Eis mehrere hundert Meter dick werden. Am dicksten werden die Gletscher dort, wo sich mehrere Teilströme zu einer gemeinsamen Gletscherzunge vereinigen, wie etwa am Großen Aletschgletscher, wo das Eis am Konkordiaplatz etwa 900 Meter dick ist.

## Alles hängt zusammen

Im globalen Wasserkreislauf speichern die Gletscher den Niederschlag, um ihn bei der Schmelze wieder Richtung Meer zu entlassen. In den Alpen dauert es auch an den größten Gletschern nur wenige Jahrhunderte, bis die Schneeflocke, die im Firngebiet fällt, an der Zunge abschmilzt und sich im Gletscherbach Richtung Meer aufmacht. Dabei braucht es etwa 30 Jahre, bis sich der frische lockere Winterschnee durch Schmelzen und Wiedergefrieren und die Auflast des nächsten Schneefalls zu Gletschereis verdichtet, das undurchdringlich für Luft und Wasser ist. So entsteht Schicht für Schicht das Klimaarchiv Eis, aus dem wir nicht nur die Menge des Niederschlags und der Schmelze eines Jahres lesen können. Aus den Bohrkernen finden wir auch Informationen zu Art und Quelle des Niederschlages, die Häufigkeit von Saharastaub-Ereignissen, den Zeitpunkt von Waldbränden oder Brandrodungen, industrielle Emissionen, Bergwerksaktivitäten, die Stoffwechselprodukte von Bergsteigern und die frühere Zusammensetzung der Luft. Letztere macht das Eis zum Schlüsselarchiv der Klimaforschung: Nur im Eis der Polargebiete ist gleichzeitig die Vergangenheit des Klimas und die zugehörige Zusammensetzung der Atmosphäre gespeichert. Nur aus dem Eis kann man vergangene Temperaturen und die Konzentration der Treibhausgase direkt ablesen, um den Zusammenhang zwischen dem $CO_2$-Gehalt der Atmosphäre und Temperaturerhöhung zu erforschen.

Lediglich an den wenigen Stellen, an denen das Eis in den Gipfelregionen am Untergrund angefroren ist, türmt es sich Schicht über Schicht auf und bildet ein sedimentäres Archiv. An den meisten Stellen verformt sich das Eis und fließt un-

Berner Alpen: Aletschgletscher, 2019

ter dem Einfluss der Schwerkraft langsam talwärts. Dabei rutscht der Gletscher auch am Untergrund und schabt diesen dadurch ab. Die Geschwindigkeiten an der Eisoberfläche reichen von mehreren Metern bis über 100 Meter pro Jahr. Besonders schnell wird das Eis dort, wo es entweder steil oder dick ist. Dort wird auch das Gletscherbett am stärksten abgeschliffen. So wird das Eis, das sich im Firngebiet bildet, zur Gletscherzunge transportiert. Wenn nicht das talwärts transportierte Eis in den niedrigen Regionen schneller schmelzen würde, als Eis nachfließen kann, würden die Gletscher die Täler ausfüllen. So gesehen ist die Gletscherschmelze an sich ein großes Glück für uns Alpenbewohner. Wenn allerdings das Eis an der Zunge wesentlich schneller schmilzt, als es nachfließen kann, gehen die Gletscher zurück. Derzeit nehmen auch die Fließgeschwindigkeiten an den Gletschern stark ab.[6] In den Firngebieten überdauert nur mehr wenig bis kein Schnee mehr den Sommer, somit kann sich kaum neues Eis bilden. Die Zungen der Gletscher leiden also doppelt, zum einen durch die verstärkte Schmelze, zum anderen durch den fehlenden Eisnachschub.

Nicht nur die Größe, sondern auch das Aussehen der Gletscher hat sich in den letzten Jahrzehnten völlig verändert. Konnte man noch in den 1990er Jahren auf den Gletschern fast ganzjährig mit Skiern auf Firn und Schnee unterwegs sein, fand man in den letzten Sommern kaum mehr mit Skiern befahrbare Flächen, sondern mehr und mehr schuttbedecktes Eis vor.

Bei einem Gletscher im Gleichgewicht mit dem Klima sind die Flächenänderungen sehr klein, er ist am Ende des Sommers noch zu zwei Dritteln mit Schnee aus dem letzten Winter bedeckt. Die Alpengletscher des 21. Jahrhunderts konnten ihre Größe noch nicht der rasanten Erwärmung anpassen. Ihre Gletscherzungen müssen noch kräftig schwinden, um wieder ins Gleichgewicht mit dem derzeitigen Klima zu kommen. Die der Schmelze ausgesetzten Flächen müssen noch deutlich kleiner werden, damit gleich viel neues Eis entsteht, als an den Zungen abschmilzt. Dann ändert ein Gletscher seine Fläche nicht. Es wird wohl noch einige Jahrzehnte dauern, bis ein neues Gleichgewicht entstehen kann – wenn es nicht noch deutlich wärmer wird als heute, wie aus allen Klimaszenarien möglich scheint. Auch unter Einhaltung aller politischen Vereinbarungen zur Reduktion der Freisetzung von Treibhausgasen und der dadurch erreichten Begrenzung der weltweiten Erwärmung auf unter 2°C werden die Alpengletscher zum Ende des 21. Jahrhunderts voraussichtlich sehr klein werden[7].

Für die Zukunft der Alpengletscher macht es einen deutlichen Unterschied, ob die Erwärmung bis ins Jahr 2100 nun 1°C oder 2°C beträgt: Bis 2100 überleben im 1°C-Szenario 1500 der heute etwa 4000 Alpengletscher, bei 2°C Erwärmung nur mehr etwa 700.[8] Auch das ist ein Grund, sich mit Alpengletschern zu beschäftigen: Innerhalb weniger Generationen haben sie sich von einem Hochstand für die Nacheiszeit zu verschwindenden Landschaftselementen entwickelt. Wir sind vermutlich die erste Generation, die eine solche Veränderung des Naturraumes bewusst miterlebt.

## Die Kunst des Bergsteigens

Widmet man sich den vergletscherten Hochgebirgen, wird Bergsteigen zur Kunstform, zur kreativen Beschäftigung mit der wandelbaren Materie. Der Zugang zum Eis stellt dabei die erste Tücke dar, durch Wasser, losen Schutt, Sumpf und über schuttbedecktes Eis. Die Wegmarkierung endet heute stets ein Stück vor dem Gletscherende – noch in den 1980er Jahren haben manche Gletscher ihren Zustieg überfahren. Unter derzeitigen Bedingungen gilt es das letzte Stück des Wegs zum Eis stets neu zu erfinden, und hier kann man sich getrost die Anleitung aus der chinesischen Philosophie des Tao 道 (Der rechte Weg, der weglose Pfad, oder auch: der Urgrund aller Dinge) holen:

*Könnten wir weisen den Weg, es wäre kein Ewiger Weg.*[9]

Die mühsame Wegfindung ist oft durch Steinmänner markiert, in der Hoffnung, mit einem solchen Wegzeichen auch einen gangbaren Pfad festzuschreiben. Leider hält sich die Natur oft nicht daran. Das Gletschervorfeld ändert sich sehr rasch, etwa nimmt das Schmelzwasser am Nachmittag erheblich zu, sodass wir uns beim Abstieg lieber für eine andere Variante als die des Aufstiegs am frühen Morgen entscheiden. Gern sammelt sich an den flachen Stellen des Gletschervorfeldes feines Sediment, das sich durch das aus dem Toteis austretende Wasser sehr matschig anfühlt und im Mittel immer gerade über den Schuhrand reicht. So wird schon der Weg zum Eis zur kleinen Lebenskunst, mit allen Fettnäpfchen und Sumpflöchern, die der Alltag für uns bereithält. Endlich am Gletscher angekommen, ist es kaum möglich, den auf den Karten eingezeichneten Routen zu folgen. Innerhalb weniger Jahre sind die Eisflächen massiv eingesunken, die Gletscher wurden steiler und damit im Winter stärker lawinengefährdet. Wo man noch vor wenigen Jahren gemütlich flache Eisflächen hinan spazieren konnte, steht man heute oft vor hohen Felsen, von denen Wasser und

Ötztaler Alpen: Gepatschferner, 2017

Ötztaler Alpen: Taschachferner, 2018

**Mont-Blanc-Gruppe:** Bossonsgletscher, 2019. Junge Bäume erobern die ehemalige Gletscherfläche zurück.

**Mont-Blanc-Gruppe:** Bossonsgletscher, 2019. Heute ist kaum vorstellbar, dass der Bossonsgletscher noch um 1890 bis ins Tal zum gleichnamigen Dorf Les Bossons auf 1050 Meter Höhe hinuntergereicht hat.

Steine hinabrauschen. Passübergänge und Jöcher, die durch den Eispanzer leicht zu begehen waren, sind zu steilen Felsrinnen geworden. Es gelingt kaum mehr, die Karten so rasch nachzuführen, wie sich die Gletscher und die Wege ändern. Besonders schwierig einzuschätzen sind Hohlräume, die sich am Grund der Gletscherzungen bilden und von oben nicht einsehbar sind. Wie schnell können wir erwarten, dass sich wieder günstigere Verhältnisse einstellen?

## Jedes Ende ist ein Neubeginn

Die instabile Hochgebirgslandschaft der gerade eisfrei gewordenen Flächen wird von vielen Menschen als hässlich wahrgenommen, trotz einiger neu entstandenen Seen. Schönheit ist nie von Dauer, aber in diesem Fall auch die Hässlichkeit nicht: Die Pflanzen besiedeln die neuen Flächen recht rasch, wie Untersuchungen am Jamtalferner in der Silvretta zeigen[10]. Nur wenige Jahre nach dem Abschmelzen des Eises findet man zehn bis 20 verschiedene Pflanzenarten, die aber weniger als ein Prozent der Bodenfläche bedecken. Unter diesen befinden sich Moose und Flechten, aber auch schon Gefäßpflanzen wie das Alpen-Weidenröschen, das Einblütige Hornkraut und das Zwerg-Ruhrkraut. Die neu gewonnenen Flächen dürften auch Refugien für Arten darstellen, die anderswo unter Druck geraten, durch die Konkurrenz oder steigende Temperaturen. Nach etwa 70 Jahren besiedeln etwa 30 Arten schon mehr als die Hälfte des Bodens[11]. Durch die gerade auch neu entstehenden Wäldchen werden wir so an den Seen an der Stelle der heutigen Gletscherzungen schöne Plätze vorfinden, um die Seele baumeln zu lassen.

Das klappt allerdings nur dort, wo das Eis nicht von mehreren Zentimetern Schutt bedeckt wird – und so im Boden konserviert bleibt. Dort können die von den Gletschern abgetrennten Eisreste viele Jahrzehnte, sogar Jahrtausende, überdauern – wenn die Schuttschicht dick genug ist, um die Sonnenenergie aus der direkten Sonnenstrahlung zu speichern und wieder abzustrahlen, bevor sie zum Eiskern vordringt. Dieses sogenannte Toteis schmilzt dann zwar kaum mehr, aber die Schuttschicht kann langsam an der Eisoberfläche abgleiten. Je nachdem wie schnell dieses Abgleiten stattfindet, kann sich so die natürliche Begrünung der Fläche verzögern – die ihrerseits den Boden durch das Ausbilden von Wurzeln und das Speichern des Niederschlags stabilisieren würde.

## Keine glänzende Verwandtschaft

In der Gletscherforschung spricht man mittlerweile von einem fließenden Übergang zwischen Gletschern, schuttbedeckten Gletschern und Blockgletschern. Blockgletscher sind zwar recht weit verbreitet – sie bedecken in den Alpen eine ähnlich große Fläche wie Gletscher –, aber nicht so bekannt. Diese unscheinbaren Verwandten unserer auffallenden Gletscher heben sich meist nicht farblich von ihrer Umgebung ab, da sie aus demselben Gesteinsmaterial bestehen, sondern nur durch ihre Form: Blockgletscher bestehen aus einer Mischung von Schutt und Eis, die sich mit einer Geschwindigkeit von mehreren Metern talwärts bewegt. Dadurch bilden sich charakteristische Stauchwülste aus. Meist tritt am unteren Rand eines Blockgletschers auch ein kleiner Bach aus, der vom schmelzenden Permafrosteis im Blockgletscher gespeist wird. Die Oberfläche eines Blockgletschers ist meist nicht angenehm zu begehen, da die Blöcke an der Oberfläche in Bewegung sind und entsprechend kippen.

Die Blockgletscherforschung ist um einige Jahrhunderte jünger als die Gletscherforschung, und dementsprechend viel gibt es hier noch zu entdecken. Die Schweiz ist, wie schon in der Gletscherkunde, auch in der Blockgletscherforschung federführend. Neben Pionierarbeiten wie etwa zum Aufbau und zur Verbreitung der Blockgletscher gibt es heute in der Schweiz nicht nur ein Gletschermessnetz, sondern auch ein Permafrostmessnetz[12], in dem die jahreszeitlichen Änderungen und langfristigen Trends der Bodentemperaturen in Permafrost und Blockgletschern gemessen werden. Da die Fließgeschwindigkeiten an den Blockgletschern derzeit alpenweit zunehmen[13] und unklar ist, ob die Blockgletscher vor dem endgültigen Ausschmelzen des Eises weiter beschleunigen werden, sind diese Forschungen extrem wichtig, um uns auf das Leben in einem wärmeren Alpenraum einstellen zu können. Bei einer weiteren Zunahme der Fließgeschwindigkeiten können die Schutt- und Eismassen Wege, Straßen und andere Infrastruktur bedrohen oder Fließgewässer stauen, die dann ausbrechen könnten – ein Phänomen, das wir aus der späten Phase der Kleinen Eiszeit von den Gletschern kennen. Da das aktuelle Phänomen der Entgletscherung noch niemand beobachten konnte, müssen wir uns auf neue Arten der Naturgefahren vorbereiten. Dazu gehört auch das Ausbrechen der neu gebildeten Seen. Diese sind zum Teil durch Dämme gestaut, die noch einen Eiskern enthalten, der tendenziell instabil ist und brechen kann. Für beide Phänomene, Blockgletscher und Seen, gilt: Sobald das Eis im Inneren abgetaut ist, tritt eine Stabilisierung ein.

## Zeugen des Klimawandels

Diese Phänomene betreffen nicht nur den Alpenraum, sondern alle Hochgebirge der Erde – wenn auch die Alpen zu den am frühsten von den Änderungen betroffenen Regionen gehören und deren lange Forschungsgeschichte auch eine gute Einordnung der Messwerte erlaubt. Die Forschungsergebnisse, die sich mit Ausmaß und Folgen der weltweiten Erwärmung beschäftigen, werden seit 1990 vom Intergovernmental Panel of Climate Change (IPCC) zusammengefasst. Das IPCC wurde 1988 von der World Meteorological Organization (WMO) und dem Umweltprogramm der Vereinten Nationen (UNEP) gegründet, um die Regierungen durch eine Zusammenfassung wissenschaftlicher Erkenntnisse im Hinblick auf ihre Klimaziele zu unterstützen. Aus diesem Grund wird die Zusammenfassung des Wissens zu den Ursachen von Klimaänderungen, deren Auswirkungen und Risiken – und wie man diese durch Anpassungsmaßnahmen sowie Maßnahmen zur Begrenzung des Klimawandels gering halten kann – regelmäßig publiziert. Gletscher finden sich nicht nur immer wieder auf den Titelseiten dieser Berichte, sondern gehören auch zu den sogenannten essenziellen Klimavariablen, die zur Beurteilung des Ausmaßes der Klimaänderung herangezogen werden. Darüber hinaus spielen Gletscher eine wichtige Rolle als unmittelbare Zeugen des Klimawandels: Während der direkte Nachweis von Klimaänderungen über die Analyse von Messdaten nicht nur für Laien komplex erscheint, sondern auch von Fachleuten solides wissenschaftliches und wissenschaftsphilosophisches Handwerkszeug erfordert[14], nimmt man schon bei der ersten Betrachtung von historischen und aktuellen Gletscherbildern zweifelsfrei wahr, dass hier eine Veränderung stattgefunden hat[15]. Auch ist ganz intuitiv plausibel, dass die Änderungen der Gletscher mit Änderungen des Klimas zusammenhängen, eine Erkenntnis, die zu Beginn des 20. Jahrhunderts vom Alpenraum aus die Welt erobert hat. Damit sind die Gletscher sehr gute Indikatoren für den Klimawandel, wenn auch die Ursachen des Klimawandels nicht unmittelbar aus dem Eis ablesbar sind, zumindest nicht aus dem Eis der Alpengletscher.

Das Eis der Polargebiete ist es, das sowohl die vergangenen Temperatur- und Niederschlagsverhältnisse gespeichert hat als auch die frühere Zusammensetzung der Treibhausgase. Am 20. Dezember 2019 wurde die Bohrstelle ausgewählt, an der das Beyond-EPICA-Konsortium das älteste Eis der Antarktis erbohren will, von dem man sich ein Alter von 1.5 Millionen Jahren erwartet.[16] Das bislang älteste Eis wurde im Inneren der Antarktis im Jahr 2004 in einer Tiefe von 3270 Metern erreicht. Der Eisbohrkern reicht etwa 900.000 Jahre zurück. In den letzten 430.000 Jahren sind in den Kernen vier Eiszeit-Zwischeneiszeit-Zyklen abgebildet[17], die je circa 110.000 Jahre dauern. Für diese sind auch in den Alpen und im Alpenvorland die Spuren in der Landschaft sichtbar. Der Untergrund der Seen des Alpenvorlandes, etwa der Chiemsee und der Gardasee, wurden durch die eiszeitlichen Gletscher ausgeschliffen, die auch Findlinge und Gletscherschliffe an Felsen hinterließen. Der Wechsel zwischen Eiszeiten und Zwischeneiszeiten ergibt sich aus Änderungen des Strahlungshaushaltes der Erde, die aus der Erdbahn um die Sonne sowie aus Neigung und Präzession der Erdachse resultieren.

## Wie tickt das Klima?

Neben diesen großen Zyklen sind in verschiedenen Geoarchiven auch sogenannte abrupte Klimaänderungen nachgewiesen. Dabei hat sich das Klima mehrmals innerhalb weniger Jahrzehnte drastisch geändert. Bei den sogenannten Dansgaard-Oeschger-Ereignissen hat sich Grönland innerhalb einiger Dekaden um 8 bis 16 °C erwärmt und dann im Lauf einiger Jahrhunderte langsam abgekühlt. Einen anderen Typus abrupter Klimaänderungen stellen die Heinrich-Ereignisse dar, bei denen in den Ozean gekalbte Eisberge zu einer mehrere Jahrhunderte andauernden Abkühlung führten, die innerhalb weniger Jahrzehnte durch eine nachfolgende Erwärmung beendet wurden.

Vor etwa 8200 Jahren brach durch den Rückgang des großen Nordamerikanischen Eisschildes ein großer Schmelzwassersee aus. Die Zufuhr von Süßwasser zum Meer führte zu einer Abschwächung des Golfstromes, die aber nur etwa 200 Jahre gedauert haben dürfte[18]. Dies ist ein Hinweis darauf, dass selbst große Änderungen des Klimasystems nicht notwendigerweise unumkehrbar sind. Dafür zeigen neuere Forschungen, dass es größere Unsicherheiten bei der Einschätzung sogenannter Rückkopplungseffekte gibt, also Prozesse, die sich selbst verstärken[19]. Das gilt auch für die Alpengletscher, deren Rückgang durch ihre Reaktion auf starke Massenverluste – also die Verringerung der

Walliser Alpen: Zmuttbach, 2018

Fließgeschwindigkeiten und eine dunklere Oberfläche, die mehr Sonnenenergie aufnimmt und in Schmelze umsetzt – schneller gehen dürfte, als ursprünglich berechnet.

Das Klimasystem ist sehr komplex und man kann noch nicht davon ausgehen, dass wir es derzeit auf allen Skalen für alle Zustände vollständig verstanden haben. Nachgewiesen ist, dass der $CO_2$-Gehalt der Atmosphäre derzeit mit über 400 ppm höher ist, als in den Eisbohrkernen der Antarktis für die letzten 650.000 Jahre mit 80 bis 300 ppm nachgewiesen. Bei der Entdeckung der Auswirkung des $CO_2$-Gehalts der Atmosphäre auf die Lufttemperatur spielten auch die Alpengletscher eine Rolle: Der Physiker John Tyndall untersuchte nicht nur die Auswirkung der Zusammensetzung der Luft auf den Strahlungshaushalt in Laborexperimenten, sondern zählte auch zu den führenden Gletscherforschern des 19. Jahrhunderts. In seinem Buch *Die Gletscher der Alpen* sind seine wesentlichen Erkenntnisse, aber auch Erlebnisse gesammelt[20]. Der Erfinder des Tyndall-Effektes zur Lichtstreuung in trüben Medien versuchte im Übrigen zusammen mit Edward Whymper das Matterhorn zu besteigen, was ihm allerdings verwehrt blieb. So hat die wissenschaftliche Auseinandersetzung mit dem Klima und seinen Änderungen immer wieder Verbindungen zu den Gletschern, zum Bergsteigen und zu den Menschen, die in den Alpen leben.

## Der Mensch im Holozän

Nach dem Abschmelzen der großen eiszeitlichen Gletscher kamen die Menschen zurück in die Alpen. Die Warmzeit, in der wir uns heute befinden, das sogenannte Holozän, stellt sich in den Eisbohrkernen nach heutigem Stand als ungewöhnlich stabil dar. Vergangene Zwischeneiszeiten dauerten etwa 10.000 bis 30.000 Jahre, zeigen aber in den Eisbohrkernen häufigere Temperaturänderungen als das Holozän. Seit dem letzten glazialen Maximum (etwa 21.000 Jahre vor heute) haben die Alpengletscher im Spätglazial noch einige Male die höher gelegenen Täler erreicht. Im sogenannten Mittelholozänen Optimum sorgte das warme Klima für sehr kleine Gletscher. Während das Eis der hohen Westalpengipfel auch während dieser Phase existierte, dürften die niedrigeren Ostalpen weitgehend eisfrei gewesen sein. Erst vor etwa 5900 Jahren wurde die Weißseespitze (3500 m) am Gepatschferner im Tiroler Kaunertal wieder vergletschert, wie man aus der Radiocarbondatierung eines Eisbohrkerns weiß.[21] Die wiederkehrenden Gletscher begruben auch den bekannten „Eismann" im Ötztal am Tisenjoch nach dessen Tod bis zum Jahr 1991 unter sich.[22] Die Zeitpunkte der holozänen Gletschervorstöße sind durch die Datierung der Vorstoßmoränen und der von den Zungen überfahrenen Bäume gut erfasst[23]. Die alpinen Eisbohrkerne von der Weißseespitze, dem Piz Murtél, dem Ortler, dem Chli Titlis und dem Colle Gnifetti[24] enthalten die Antworten auf viele weitere Fragen, wie die Geschwindigkeit vergangener Klimaänderungen und die Reaktion der Pflanzenwelt darauf. Auch die Aktivitäten der Menschen, etwa Rodungen und Bergbau, sind in den Gipfeleisfeldern gespeichert. Nach wie vor wissen wir aber zu wenig über die Geschwindigkeit vergangener Änderungen, um sie mit den heute messtechnisch sehr hoch aufgelöst festgehaltenen Änderungen direkt vergleichen zu können. In der Diskussion um den menschlichen Beitrag zum derzeitigen Klimawandel wird der Vergleich zur turbulenten Vergangenheit immer wieder herangezogen, um einerseits zu betonen, dass auch früher starke Änderungen aufgetreten sind, und andererseits hervorzuheben, wie hoch die heutige Änderungsrate doch ist. Beides ist richtig, sollte aber keine Auswirkungen auf unseren Umgang mit der Umwelt haben: Die Auswirkungen unserer heutigen Handlungen sollten nach ethischen und nicht nach naturwissenschaftlichen Gesichtspunkten bedacht werden. Es gibt viele verschiedene philosophische Ansätze, die im Hinblick auf die Begrenzung des Klimawandels besonders zielführend erscheinen.

## Vom guten Leben: Ethiken

Ein großes Thema ist die Entscheidungstheorie, ein Werkzeug der Philosophie der Wissenschaften, das herangezogen werden kann, wenn man eine Entscheidung treffen muss, deren Grundlagen von Messunsicherheiten betroffen sind, was in der realen Welt immer der Fall ist. Die Unsicherheit wird mittels einer Wahrscheinlichkeitsfunktion beschrieben, in die die objektive Unschärfe und/oder das Vertrauen der Entscheidungsträger in die Beschreibung des Ausgangszustands einfließen. Empfohlen wird, die Handlung des größten erwartbaren Nutzens (oder geringsten Schadens) zu wählen[25].

In der Frage der Begrenzung des Klimawandels sind wir mit Fragen der Ethik konfrontiert. Hier ist der aus der Systemtheorie entwickelte ethische Imperativ Heinz von Foersters praktisch anwendbar: *Handle stets so, dass die Anzahl der*

*Wahlmöglichkeiten größer wird!*[26] Hier geht es also um das Vermeiden von Sackgassen in Entwicklungen, wie etwa das Auftreten von unumkehrbaren Kipppunkten im Klimasystem durch einen erhöhten $CO_2$-Ausstoß. Wichtig – sowohl für die Bewertung von Schaden/Nutzen als auch zur Beurteilung der Zahl der möglichen Entwicklungspfade – ist die Kommunikation aller Teile der Gesellschaft sowie eine die Disziplinen übergreifende Forschung. Nur so kann man sich auf Ziele und auf den Weg dahin einigen, wie etwa in den Klimakonferenzen. Da wir derzeit davon ausgehen können, dass der $CO_2$-Haushalt Einfluss auf die Erwärmung hat, ist es nach beiden ethischen Konzepten erstrebenswert, die Emissionen von Treibhausgasen wie $CO_2$ zu reduzieren – ohne unbedingt vorher das gesamte Klimasystem vollständig verstehen zu müssen. Wichtig ist dabei eine umfassende Beurteilung der Gesamtsituation, wie sie etwa in den Zielen der Nachhaltigen Entwicklung der Vereinten Nationen (UN) vorgeschlagen sind, in denen der Klimaschutz eines der 17 genannten Ziele ist – neben etwa sozialen und wirtschaftlichen Zielen.

Eine Entwicklung des 21. Jahrhunderts ist neu und kann sich für die Bewohner der höheren Alpentäler günstig entwickeln: Erstmals in der Geschichte der Neuzeit gibt es einen Konsens der globalisierten Politik, der Wissenschaft und des römisch-katholischen Papstes: Sowohl in den Zielen der Nachhaltigen Entwicklung der Vereinten Nationen als auch in der 2015 von Papst Franziskus veröffentlichten Enzyklika *Laudato si* werden soziale und ökologische Fragen gleichermaßen in das Zentrum gestellt. In den 17 Zielen der UN werden nicht nur der Klimaschutz und Biodiversität, sondern auch die Bekämpfung von Ungleichheiten und die Möglichkeit zu menschenwürdiger Arbeit genannt. Papst Franziskus drückt in der Enzyklika seine Sorge um das gemeinsame Haus aus, das er einer sozioökologischen Krise ausgesetzt sieht. Für die Überwindung der Krise sind Umweltschutz, Armutsbekämpfung und der Einsatz für Menschenwürde nötig. Es steht also zu hoffen, dass die stark polarisierten und polarisierenden gesellschaftlichen Diskurse, die im Zuge der Industrialisierung erst zwischen Arbeitnehmern und Arbeitgebern, ab den 1970er Jahren zwischen Umweltschutz und Wirtschaft entstanden sind, von einer gemeinsamen Suche der jeweils besten Lösungen abgelöst werden, die einerseits peripheren Regionen eine Teilnahme am Wohlstand ermöglicht, andererseits die Ressource Landschaft möglichst schonend nutzt.

Die Gletscher der Alpen, an denen uns so viel gelegen ist, und die in den nächsten Jahrzehnten gefährdet sind, dienen unter anderem als Messinstrument für den Erfolg unserer Bemühungen zur Begrenzung des Klimawandels. Nach der Maxime der Ziele der Nachhaltigen Entwicklung der Vereinten Nationen *Leave no one behind* – die für Bergsteigerinnen und Bergsteiger eine Selbstverständlichkeit ist – wünschen wir uns sowohl den Erhalt der Alpengletscher für die nächsten Generationen, als auch gute und faire Lebensbedingungen für die Menschen in und um die Alpen. AF

## Anmerkungen

1 Frei übersetzt etwa: Wenn sich ein Mensch in die Gesellschaft von Gletschern begibt, fühlt er sich nach und nach ziemlich unwichtig. Die Alpen, zusammen mit den Gletschern, nehmen einem Menschen jegliche Eingebildetheit und verringern seine Aufgeblasenheit auf null – wenn er nur lange genug in ihrer grandiosen Gegenwart verweilt, um ihnen eine faire und angemessene Chance zu geben, ihr Werk zu tun.
2 Kinzl (1962)
3 Paul et al. (2020). Diese Studie erfasst nur Gletscher deren Fläche über 0.01 Quadratkilometern liegt.
4 Zemp et al. (2019)
5 Sommer, et al. (2019)
6 Stocker-Waldhuber et al. (2019)
7 Zemp et al. (2019)
8 Compagno, L. et al. (2021)
9 Lao-tse: Tao-Tê-King in Übersetzung von Debon (1979)
10 Fischer et al. (2019)
11 Fischer, A. et al. (2019)
12 http://www.permos.ch/
13 Kellerer-Pirklbauer et al. (2018)
14 Werndl et al. (2017)
15 Die KlimaforscherInnen sind sich durchaus bewusst, dass es starker Erzählstränge bedarf, um in der Öffentlichkeit und vor allem der Medienlandschaft Gehör zu finden, cf Anonymous (2015)
16 https://www.beyondepica.eu
17 Jansen et al. (2007)
18 Masson-Delmotte et al. (2013)
19 Schiermeier (2007)
20 Tyndall (1860)
21 Bohleber, P. et al. (2020)
22 Spindler et al. (1995)
23 Auer et al. (2014)
24 Bohleber (2019)
25 Werndl et al. (2017)
26 Foerster (1993)

# Eine Bildreise durch die Alpen

## *von Ost nach West*
## *vom Großglockner zum Mont Blanc*

**Hohe Tauern:** Großglockner, von der Neuen Prager Hütte aus gesehen, 2019

Hohe Tauern: Großglockner, 2017

**Hohe Tauern:** Pasterze, Großglockner, 2017. Der Name Pasterze wird sprachwissenschaftlich als „Rossweide" gedeutet. Obwohl die Gletscherzunge unterhalb des höchsten Gipfels Österreichs gelegen ist, geht sie stark zurück und der Eiszufluss vom oberen Pasterzenboden versiegt. Wann wird das heute noch über 200 Meter dicke Eis einer neuen Rossweide gewichen sein?

**Hohe Tauern:** Simonykees, 2014

Hohe Tauern: Simonykees, 2014

Hohe Tauern: Innergschlöß mit Schlatenkees, 2009

**Gletscher haben die Landschaft der Alpen geformt,** und zwar auf vielfältige Weise. Nähern wir uns den Bergen vom Alpenvorland her, überqueren wir die Endmoränen, die die eiszeitlichen Gletscher vor etwa 18.000 Jahren abgelagert haben. Wir fahren durch Alpentäler, deren U-förmige, von den Gletschern ausgeschliffene Sohle mittlerweile wieder von teils mehreren hundert Meter dicken Schotterlagen verfüllt ist. Nur die schroffen Formen der Gipfel schauten während der Eiszeit aus dem Eis heraus.

Im Vorfeld der Gletscher können wir die formende Tätigkeit der Gletscher am besten beobachten. Das Schlatenkees im Bild links, das vom Großvenediger, Rainerhorn und Hohem Zaun talwärts fließt, erreichte seinen Maximalstand zwischen 1847 und 1850. Damals überquerte die Gletscherzunge den Talboden bis zum Gegenhang (im Bild im Schatten). Aber auch die Landschaft außerhalb der im Bild gut sichtbaren Seitenmoränen der Kleinen Eiszeit (rechts des länglichen Schneebandes in Talnähe) ist von den Gletschern geprägt. Die Gletscher der Eiszeiten haben den gesamten im Bild sichtbaren Bereich bearbeitet, etwa dem Tal seine U-Form gegeben. An der Verebnung des Hanges links im Bild, die eine eiszeitliche Terrasse darstellt, stand im frühen Holozän ein dichter Wald. Heute ist dieser Bereich noch vollkommen frei von Bäumen. So können wir uns anhand dieses Bildes die gesamte Variabilität der Gletscherstände vom letzten eiszeitlichen Maximum, in dem der Standort des Fotografen bis in eine Höhe der Verebnung rechts mit Eis verfüllt war, bis zu einem nahezu eisfreien Früh- und Mittelholozän vorstellen.

An Felsen finden wir sogenannte Kritzungen, die entstehen, wenn der Gletscher über die Felsen gleitet. An der Richtung dieser Gletscherschrammen können wir sogar die frühere Fließrichtung des Eises ablesen. Die Kartierung dieser Spuren der Gletscher, der Gletschermühlen im Fels und der Findlinge – durch das Eis transportierte Felsenbrocken, die in Gebieten abgelagert werden, wo die Gesteinsart sonst nicht vorkommt – zeigte erst, dass die Alpen in der Eiszeit vollständig mit Eis bedeckt waren.

Gletschermühlen – senkrechte Trichter im Eis, durch die das Schmelzwasser abfließt (wie eine auf dem Bild gegenüber dem Vorwort zu sehen ist) – setzen sich oft im Fels des Untergrundes fort, wenn das Schmelzwasser mit einem Mühlenstein die Gletschermühle oder den Gletschertopf immer tiefer in den Fels schleift. Besonders groß werden Gletschermühlen, wenn harte Gesteine aus dem Hauptkamm als Mühlenstein im weicheren Kalk ausschleifen, wie es etwa in den Marmitte dei Giganti in Nago (Trentino) der Fall ist.

Durch den Abrieb des Gletscherschliffes und der im Gletscher mitgeführten Steine entsteht feines Sediment, das die charakteristische Trübung des Gletscherbaches bewirkt und zur Bezeichnung des Gletscherwassers als „Gletschermilch" führte.

Immerhin ein Gramm Feinsediment pro Liter Wasser findet sich sommers in den Gletscherbächen. Das klingt nicht viel, führt aber aufgrund der großen Abflussmengen zur Umlagerung von vielen tausend Tonnen Material pro Jahr. Besonders aufwendig ist dadurch der Betrieb von Kraftwerken mit Gletscherwasser. Das Sediment muss vor der Stromerzeugung erst abgeschieden oder aus den Speicherseen auch ausgebaggert werden – andernfalls sind die Metallteile in den Turbinen rasch verschlissen. AF

Hohe Tauern: Großglockner mit Fruschnitzkees, 2006 (Nachtaufnahme)

**Hohe Tauern:** Daberspitze mit Welitzkees, 2014

Seite 48/49: **Hohe Tauern:** Pasterze, 2017. So ähnlich wie in diesem Bild des Vorfeldes der Pasterze muss es am Ende der letzten Eiszeit im Alpenvorland oder rund um Berlin ausgesehen haben: Zwischen schuttbedeckten Eisresten befinden sich mit Wasser gefüllte Toteislöcher. Ab und zu taucht aus dieser unwirklichen Welt ein blauer Eisberg auf …

**Hohe Tauern:** Großvenediger mit Frosnitzkees, 2006

**Hohe Tauern:** Teischnitzkees, 2015

Seite 52/53: **Berchtesgadener Alpen:** Übergossene Alm am Hochkönig, 2013. Die Übergossene Alm wird einer der ersten Gletscher Österreichs sein, der verschwindet. Schon jetzt sind vom zusammenhängenden Eisfeld nur mehr verstreute Reste übrig, und die noch in den 1980er Jahren besonders schneereiche Hochebene präsentiert sich meist schneefrei. Werden wir die Reste der Almen finden, von denen die Sage berichtet?

**Zillertaler Alpen**: Großer Möseler mit Schlegeiskees, 2008. Die Zunge des Schlegeiskeeses, die einst den Talgrund im Bild gefüllt hat, ist Geschichte. Die heutigen Gletscher werden noch deutlich kleiner werden: Ein Schnappschuss des steten Wandels.

Seite 56/57:
**Zillertaler Alpen:** Schrammacher und Olperer mit Ober- und Unterschrammachkees, 2017

Zillertaler Alpen: Olpererferner, 2010

**Gletschereis entsteht,** indem Schnee, der nur eine Dichte von 100 bis 200 Kilogramm pro Kubikmeter hat, so weit komprimiert wird, bis er eine Dichte von 917 Kilogramm pro Kubikmetern erreicht. Das Eis ist undurchlässig für Luft und Wasser.
Während des Sommers lagern sich Staub und Pollen in den Firnflächen auf der Gletscheroberfläche ab, die Oberfläche wird dunkel. So bildet sich ein schichtförmiger Aufbau aus weißen Winterschneeschichten und dunklen Sommerhorizonten, ähnlich den Jahrringen von Baumstämmen.
Das aus Schnee entstandene Gletschereis ist reich an Luftblasen und hat daher (wie Bierschaum) eine weißliche Farbe. Es gibt aber auch sehr klares Gletschereis, das entsteht, wenn Schmelzwasser im Frühjahr in die Schneedecke einsickert und dort wieder gefriert. Dieses sogenannte Aufeis mag manchen Bergsteigerinnen und Bergsteigern schon im Frühsommer an der Schneegrenze aufgefallen sein, weil es sehr glatt ist und daher meist das Anlegen der Steigeisen erzwingt – ein Moment, in dem man es in Ruhe betrachten kann.
Im Eis sind aber nicht nur Staub und Pollen abgelagert, sondern auch alle anderen Stoffe, die mit dem Wind transportiert werden. Im Sommer sinkt die Luft über den kalten Gletscherflächen ab, die somit viele herangetragene Stoffe sammeln.
Ein anderer Weg der Ablagerung ist der Niederschlag, der die kleinen Teilchen in der Luft „auswäscht" und ebenfalls am Gletscher ablagert. So gelangt mit dem Schnee auch das in der Luft vorhandene Mikroplastik auf Firn und Eis.
Die Gletscher sind daher nicht nur Archive des Klimas, sondern auch aller möglichen menschlichen Aktivitäten. So sind im Eis die Anfänge des Bergbaus und der fossilen Energienutzung in den Blei- und Schwefelkonzentrationen abgebildet, das Tritium aus Atombombenversuchen und andere radioaktive Isotope aus der Atomindustrie gespeichert, und auch der Beginn des Bergsteigens kann durch Stoffwechselprodukte von Bergsteigern nachgewiesen werden. AF

**Zillertaler Alpen:** Hornkees, 2008

**Zillertaler Alpen:** Wildgerloskees, 2019

**Zillertaler Alpen:** Wildgerloskees und Zittauer Hütte, 2019. Die Felsen im Bild wurden vom eiszeitlichen Gletscher beschliffen, der uns auch den kleinen Hochgebirgssee als Erinnerung hinterließ. Keck bauten unsere Vorfahren die Zittauer Hütte an den damaligen Gletscherrand, den heute der stehengebliebene Wall der Seitenmoräne anzeigt.

**Zillertaler Alpen:** Floitenkees, 2018. Der Gletscher als Lastentransporter: Diese Steine fahren „per Anhalter“ mehrere Meter pro Jahr talwärts.

Zillertaler Alpen: Hochferner und Griesferner, 2017

**Stubaier Alpen:** Sulztalferner, 2012. Das Eis entlang der Wegstrecke, die die beiden Menschen am Sulztalferner zurücklegen, wurde wahrscheinlich in einem Zeitraum gebildet, der länger ist als das Lebensalter unserer Wanderer im Bild. Diesen Schluss lassen zumindest die an der Eisoberfläche sichtbaren Schichtstrukturen zu.

**Vom Vermessen der Gletscher.** „Alles in Ordnung da drüben?“ Ja, alles in Ordnung bei mir. Vermutlich sieht es etwas merkwürdig für die Seilschaft steigeisenbewehrter Hochtouristen aus, wenn man mit einem Bohrer am Rücken den ganzen Tag auf einem kleinen Flecken Eis herumsteht und gelegentlich größere Dampfwolken ausstößt. Nichtsdestotrotz ist so ein ruhiger Tag am Eis recht vergnüglich, auch wenn das Feuerzeug für das Anzünden des Gases den Geist aufgegeben hat und man mehrere dem Gipfel entgegenstrebende Seilschaften um Zündhölzer bitten musste, was diese scheinbar unsportlich finden. Nun ja, recht sportlich ist das Gletscherforschen wahrlich nicht. Die meiste Zeit läuft man beim Gletschermessen im Kreis, hinterlässt merkwürdige Spuren abseits der Wege, wenn man etwa beim Messen der Eisdicken zu viert oder fünft im Stemmpflug den Schlitten kreuz und quer über den verschneiten Gletscher zieht. Auch beim Schaufeln der bis zu sieben Meter tiefen Schneeschächte sehen Vorbeikommende nur diejenigen, die gerade nicht arbeiten und sich unter dem Sonnenschutz verschanzen, die Werktätigen sind praktisch unter Tage und machen sich nur durch regelmäßig aus dem Loch kommende Schneehäuflein bemerkbar.

> *„Mehr noch als es in diesen Bildern hervortreten kann, ist der Erfolg einer wissenschaftlichen Unternehmung dieser Art von weiser Schonung der Kräfte, von Geduld beim Abwarten des günstigsten Momentes, bei endloser Wiederholung mechanischer Griffe, von der Bequemlichkeit der Unterkunft, vom guten Wetter, kurz, von einer Reihe von Dingen abhängig, die dem sieggewohnten Recken im Kampfe mit der widerstrebenden Natur nothwendig philiströs erscheinen müssen.“**

Die in den „Tagebüchern eines Gletschervermessers“ von Sebastian Finsterwalder angesprochene Schonung der Kräfte, das Abwarten der passenden Bedingungen ist für die Forschungsarbeit am Gletscher essenziell, wir müssen uns ja nicht nur fortbewegen, sondern auch Messungen machen und deren Ergebnisse notieren – das funktioniert nur schlecht, wenn es den Schnee hinter die Brille bläst und die Anschlüsse der Messgeräte mit Triebschnee verfüllt werden. Das Zeitfenster für die verschiedenen Arbeiten am Gletscher ist kurz, gute Bedingungen müssen genutzt werden. So sind die Pegel, die ins Eis gebohrt werden, unter Neuschnee meist nicht mehr auffindbar, sie müssen optimalerweise am letzten Tag der Saison abgelesen werden, am besten alle gleichzeitig. Da wird das Gletscherforschen dann doch kurz sportlich. AF

* Finsterwalder, S. (1899)

Stubaier Alpen: Sulztalferner, 2012

Stubaier Alpen: Sulztalferner, 2012

**Stubaier Alpen:** Wütenkarferner, 2019

**Stubaier Alpen:** Wilde-Leck-Ferner, 2012. Auf den Karten hängt der Wilde-Leck-Ferner noch mit dem Sulztalferner zusammen, heute ist er noch kleiner als im Jahr 2012. Der Zustieg zum Ostgrat der Wilden Leck wird dadurch nicht einfacher.

Stubaier Alpen: Zuckerhütl und Pfaffenferner, 2012

## Die Manifestation des Unverfügbaren

*„Der Schneefall ist geradezu die Reinform einer Manifestation des Unverfügbaren: Wir können ihn nicht herstellen, nicht erzwingen, nicht einmal sicher vorherplanen, jedenfalls nicht über einen längeren Zeitraum hinweg. Und mehr noch: Wir können des Schnees nicht habhaft werden, ihn uns nicht aneignen: Wenn wir ihn in die Hand nehmen, zerrinnt er uns zwischen den Fingern, wenn wir ihn ins Haus holen, fließt er davon, und wenn wir ihn in die Tiefkühltruhe packen, hört er auf, Schnee zu sein."*

Hartmut Rosa, Unverfügbarkeit (2019)

Seite 74/75:
**Stubaier Alpen:** Übeltalferner, 2008. Links sind die Müllerhütte und das Becherhaus zu erkennen, am Horizont (rechts) die Dolomiten. Tief unten liegen das Ridnauntal und Sterzing.

Seite 76/77:
**Ötztaler Alpen:** Rettenbachferner, 2017

**Ötztaler Alpen:** Hauslabkogel mit Say- und Hochjochferner, 2017. Die Gletscher rund um die Fundstelle des Ötzi sind klein und grau geworden, klein sind auch die Schneeflecken am Ende des Sommers. Erst wenn die Gletscher nur mehr ein Drittel größer sind als die Schneefelder im Bild, werden sie im Gleichgewicht mit dem heutigen Klima sein.

**Ötztaler Alpen:** Marzellferner, 2016

**Ötztaler Alpen:** Am Schalfkogel mit Kleinleiten- und Gurglerferner, 2010. Unter dem Eis des Gurglerferners soll der Sage nach die einst blühende Stadt Tanneneh begraben liegen.

Ötztaler Alpen: Vernagtferner, 2007

Eis ist verformbar, wenn die Bewegung langsam genug vor sich geht. So ist der Eiszapfen im Bild durch eine langsame Bewegung der Decke der Eishöhle gegenüber dem Untergrund im unteren Drittel verbogen. Wird der Druck zu groß, die Bewegung zu rasch, reißt das Eis – etwa bei der Bildung von Gletscherspalten, wenn das Eis über eine Kuppe fließt.

Der Druck, den Eis ausübt, ist gigantisch. Ein Kubikmeter Eis wiegt immerhin eine ganze Tonne, und die Zungen der großen Alpengletscher sind mehrere hundert Meter dick. Unter dem Einfluss der Schwerkraft verformt sich der Eiskörper, an der Gletscheroberfläche bewegt sich das Eis mehrere Zehnermeter pro Jahr talwärts. Mindestens die Hälfte dieser Bewegung kommt daher, dass das Eis am Untergrund rutscht. Die Gletscher fließen also umso schneller, je steiler der Untergrund, je dicker das Eis und je besser geschmiert die Kontaktfläche zwischen Gletscher und Untergrund ist, etwa durch Schmelzwasser. So gleiten die Gletscher auch im Sommer schneller als im Winter, da im Winter die Schmierung durch Schmelzwasser ausfällt. Im Winter schmilzt das Eis an der Zunge nicht, die Bewegung geht aber weiter. So kann man im Frühsommer oft kleine Wintermoränen finden, die der Gletscher über den Winter aufgeschoben hat.

Sollte man am Gletscher etwas verlieren wollen, empfiehlt sich, dies an der Gletscherzunge am Rand des Gletschers zu tun. Dort sind die Fließgeschwindigkeiten geringer als in der Mitte des Gletschers, und dort gibt der Gletscher Gegenstände am schnellsten wieder frei. Verliert man etwas im Firngebiet, muss man auch unter heutigen Umständen bis zu hundert Jahren warten, bis man es wieder bekommt – oder auch länger. AF

Seite 84/85:
**Ötztaler Alpen:** Gaisbergferner, 2017

Seite 86/87:
**Ötztaler Alpen:** Gaisbergferner, 2017. Dieser Gletscher ist ein „Springinkerl" unter seinen Nachbarn: Während es der benachbarte Rotmoosferner immer gemächlich anging, hat der Gaisbergferner in den 1980er Jahren die Gletschermessmarken überfahren. Heute ruht er sich im Schatten aus.

**Ötztaler Alpen**: Rofenkarferner, 2018. Gletschereis ist poröser als Eiswürfel aus dem Kühlschrank – in ihm ist die Luft vergangener Zeiten eingeschlossen, das macht es undurchsichtig wie Bierschaum. Wenn Sie das nächste Mal am Gletscher sind: Nehmen Sie sich Zeit zuzuschauen, wie sich die über Jahrhunderte in der Eismatrix eingeschlossenen Eis- und Staubteilchen beim Schmelzen zu bewegen beginnen!

Ötztaler Alpen: Gepatschferner, 2010

**Ötztaler Alpen:** Gurglerferner, 2014. Vorbeiströmende Luft führt zu schönen runden Formen in Gletscherhöhlen.

Ötztaler Alpen: Wildspitze und Rofenkarferner, 2018

**Der Stil des Bergsteigens** hat sich – wie die Gletscher – seit der Kleinen Eiszeit deutlich verändert. Heute reisen wir rasch in die mit Straßen erschlossenen Täler, nachdem wir die Wettervorhersage und eventuell auch verschiedene Internetforen oder die Hüttenwirte konsultiert haben, übernachten in Hütten, um am nächsten Tag auf den Gipfel zu steigen und womöglich noch am gleichen Tag wieder nach Hause zu fahren. Diese Art des meist führerlosen Wochenendbergsteigens ist noch nicht sehr alt. Treffsichere Wetterprognosen und Telefon auf den Hütten gibt es erst seit den 1980er Jahren, davor waren mehrtägige Belagerungen des auserkorenen Ziels keine Seltenheit.
Zur Zeit der Erstbegehungen musste man für einen Gipfel allerdings mehrere Wochen oder Jahre einplanen. Für die Besteigung des Großglockners richtete der Erzbischof von Gurk Kardinal Altgraf von Salm-Reifferscheid zwischen 1799 und 1806 vier Expeditionen aus, an denen er teilweise auch selbst teilnahm.
Eine zeitgenössische Schilderung der Besteigung der Wildspitze – eine Hochtour, für die heute etwa neun Stunden Gehzeit angegeben werden – beschreibt den Stil, mit dem damals den Gipfeln zu Leibe gerückt wurde*. Anton von Ruthner, ein Gründungsmitglied des Österreichischen Alpenvereins, musste über Jahre mehrere Male für seine Besteigung der Wildspitze ins hintere Ötztal anreisen, bis die Bedingungen nach Angaben seines Venter Führers Nikodemus Klotz endlich passten und ein neuer Weg „recognisciert“ werden konnte.

> *„Nikodemus erklärte mir schon damals, auf dem Wege auf der Südseite um keinen Preis mehr auf die Wildspitze zu steigen, weil derselbe nicht nur gefährlich, sondern auch höchst mühsam sei, man wiederholt Stufen in das Eis hauen, und sogar eine überhängende Eiswand von mindestens 6 Fuß Höhe abtragen musste.“*

Schließlich machten sich, da wegen der Heuarbeit nicht wie üblich mehrere Führer pro Gast verfügbar waren, nur zwei Führer mit zwei Gästen um halb vier Uhr früh auf den Weg. Die Gäste werden dabei wechselweise zurückgelassen und nachgeholt.

> *„Die Führer sind zurückgegangen, um Herrn von Enderes zu holen; ich aber habe den von ihnen im Schnee ausgegrabenen Sitz eingenommen. Ist das ein gemüthlicher Sitz! [...]*
> *Als sämmtliche Füsse mit den Steigeisen bewaffnet waren begann Leander allein mit der Sicherheit einer Katze [...] aufwärts zu klettern. Dann wurde das mitgenommene Seil meinem Reisegefährten um die Mitte befestigt. [...] Jetzt stieg ich vorsichtig in seinen Tritten empor, wobei ich bei jedem Schritte die Steigeisen und mit der rechten Hand den Bergstock möglichst tief in den Schnee stiess, die linke Hand aber am gespannten Seile hielt.“*

Um kurz nach zehn Uhr vormittags erreichten sie den Gipfel, um dort sogleich – nein, kein Gipfelfoto in den sozialen Medien zu posten – die obligatorische Panoramaskizze anzufertigen. Den gemütlichen Sitz im tiefen Schnee des September 1860 wird man heute vergeblich suchen, wahrscheinlich findet man stattdessen Blankeis vor. AF

* Ruthner, A. v. (1861)

**Ötztaler Alpen:** Gepatschferner, 2017. Der Gepatschferner zeigt in den letzten Jahren die stärksten Rückgänge aller österreichischen Gletscher. Pro Jahr wird das Eis über den ganzen Gletscher etwa zwei Meter dünner, in den letzten drei Jahren ist die Zunge um 500 Meter zurückgegangen. 140.000 Tonnen Sediment und 300.000 Tonnen Geschiebe werden pro Jahr im Gletscherbach transportiert – das entspricht etwa 14.000 Lastwagenladungen.

Ötztaler Alpen: Bergsturz auf den Steiniglehnferner, 2018

**Drastisch verändert** haben sich die Gletscher der Alpen in den letzten Jahren. Große Gletscherzungen, die problemlos zu begehen waren, haben die Verbindung zu ihren Nährgebieten verloren. Dadurch sinkt die Oberfläche der Zungen stark ein, Schutt sammelt sich auf dem Eis. Die Seitenmoränen sind jetzt oft wesentlich höher über dem Eis, als sie es noch zur Jahrtausendwende waren, und Murgänge arbeiten daran, die neu entstandene Senke wieder aufzufüllen. In den höher gelegenen Bereichen kommen Felsstürze aus früher noch mit Eis oder Firn bedeckten Flächen dazu, sie machen das Begehen dieser in Bewegung geratenen Hochgebirgslandschaft äußerst prekär. Im Bild links ist ein Bergsturz auf das Eis des Steiniglehnferners niedergegangen. Hell heben sich die Ausbruchs- und die Ablagerungsfläche von älterem Material ab.
Das steile, mit Sand, Schotter und großen Blöcken bedeckte Eis, das heute so manchen früher über mäßig geneigten Firn begehbaren Übergang erschwert, ist unter heutigen Verhältnissen nach dem Abtauen des Winterschnees kaum begehbar. Steinschlag mahnt zur Eile, aber auf dem Schutt, der auf dem Eis rutscht, finden auch die Steigeisen kaum Halt. Im Unterschied zu den 1990er Jahren gibt es derzeit im Spätsommer manchmal Bedingungen, unter denen die Begehung mancher Touren nicht ratsam ist, vergleichbar einer Stufe 4 bei der Lawinensituation im Winter.
Die Blankeisflächen, die unter derzeitigen Bedingungen nicht erst am Ende des Sommers die Gletscher bedecken, erschweren auch das Abbremsen und Halten von Stürzen deutlich. Galt in den Firnflächen des letzten Jahrtausends der Lehrsatz „Wer in eine Gletscherspalte fällt, die man sieht, ist ein Trottel", findet man Firn heute fast nur mehr in den Gletscherspalten vor – was dazu führt, dass man diese Stoppel, die Spalten in wechselnder Belastbarkeit verschließen, schon nach nur leichten Schneefällen kaum noch erkennen kann.
Positiv ist zu bemerken, dass durch die sinkenden Fließgeschwindigkeiten die Spaltenzonen kleiner werden. Verschwinden die Spalten an einer Stelle völlig, ist das Eis dort meist nur mehr wenige Meter dick – und in wenigen Jahren Geschichte. Allerdings bilden sich in den bewegungslosen Bereichen auch Hohlräume im Gletscher, die zusammenbrechen können, aber von außen (oben) kaum erkennbar sind. Einfach war die Welt der Gletscher nie, und solange nicht die Almen der Sagen wieder die Eisflächen zurückerobern, wird dies auch so bleiben. AF

Seite 98/99: **Wettersteingebirge:** Höllentalferner, 2019

Wettersteingebirge: Höllentalferner, 2019

**Berchtesgadener Alpen:** Hochkalter und Blaueis, 2011. Die Kargletscher und Schneefelder der Nordalpen waren einst wichtige Eislieferanten für die bayerische Bierproduktion und Lagerung – nun könnte man sie selbst schon fast in einem Bierkeller lagern.

**Wettersteingebirge:** Höllentalferner, 2019. Die Gletscher rund um die Zugspitze können wir bald nur mehr auf Fotografien bewundern – ihre Spuren in der Landschaft bleiben bestehen.

**Dolomiten:** Marmolada und Marmoladagletscher, 2017

Alpenweit erzählen Sagen vom plötzlichen Vorrücken des Eises, nachdem reiche Ernten die Bewohner der Almen liederlich werden ließen*. So auch an der Marmolada in den Dolomiten. Auf den heute durch den Gletscher bedeckten Wiesen hatten der Sage nach Bauern am Himmelfahrtstag Heu eingebracht und dabei ein dem damaligen Empfinden nach gotteslästerliches Lied gesungen. Da fing es an zu schneien und hörte erst nach langer Zeit wieder auf. Auf den Wiesen lag nun ein ungeheurer Gletscher. Am Elendgletscher in den Hohen Tauern und an der Übergossenen Alm in den Berchtesgadener Alpen wurden die Ernten der Sage nach so reich, dass die Almleute begannen, mit Butter Kegel zu spielen. Daraufhin begann es auch hier zu schneien, und als es aufhörte, lag ein Gletscher über der Alm.

Am heutigen Langtauferer Ferner in den Ötztaler Alpen wurde ein Bettler verjagt, der daraufhin die dort befindliche Stadt Onanä verfluchte: Stadt *Onanä / weh, Dir, weh! / Es schneiet Schnee / und apert nimmermeh.*

Die Städte Tanneneh (unter dem Gurglerferner) und Danänä (unter dem Vernagtferner) erlitten ein ähnliches Schicksal. Auch das Dorf Tiefenmatten in den Walliser Alpen soll unter dem Zmuttgletscher liegen.

In der Schweiz ist der Mattmarksee wiederholt und mit großen Schäden ausgebrochen. Nach den Walliser Sagen war dafür die Mattmarkhexe verantwortlich, die in der peinlichen Befragung der Inquisition gestand, es sehr genossen zu haben, vom Mattmarksee bis zum Genfersee auf dem Besen zu reiten oder auf der von ihr ausgelösten Tämbachlawine abwärts gefahren zu sein.

Das Lötschental, in dem Wein reifte und dessen Berge der Sage nach eisfrei waren, kam durch einen Erbschaftsstreit zweier Schwestern beziehungsweise – in einer anderen Version – durch Arbeit zu Gebetszeiten oder durch Tanz auf der Alm unter eine Eisdecke. Die Blümlisalp wurde vom Turtmanngletscher überfahren, weil die Almbewohner unsittlich lebten und den Vater der Sennin nicht gut behandelten. Für die Schweiz wie auch in den Tiroler Alpen sind Bittprozessionen zum Eis überliefert, die Gottes Zorn besänftigen und die Gletscher zum Rückzug bewegen sollten. Die Wirkung stellt sich womöglich mit Verspätung ein – Besen, Besen seid's gewesen! In den nächsten Jahrzehnten werden wir sehen, ob die zurückweichenden Gletscher Reste alter Almwirtschaft, Siedlungen oder gar die goldenen Löffelchen aus den Sagen freigeben. AF

* Haid (2004)

**Ortler-Alpen:** Gletschersee am Angelusferner, 2006

Ortler-Alpen: Königsspitze und Ortler mit Angelusferner, 2006

Seite 108/109: Ortler-Alpen: Gletschertor des Fornigletschers, 2017

**Ortler-Alpen:** Fornigletscher, 2017

**Fornigletscher, Oktober 2017.** Uns fehlen die Worte, so überwältigt sind wir: Was für ein gewaltiges Kunstwerk aus Eis! Wir stehen vor dem größten Gletschertor unseres Lebens. Fassungslos blicken wir hinauf zur Decke, die fast 30 Meter über uns von elegant geschwungenen, grau-braunen Adern durchzogen ist. Eis, so plastisch, als wäre es aus Glas gegossen worden und dann durch das kreative Spiel der Fliehkräfte zu abstrakter Form erstarrt. Ungewöhnlich plastische Eisblöcke liegen wie von Zyklopenhand übereinandergetürmt im Innern des Tunnels auf sandigem Boden, manche sind so groß wie Garagen. Wir stehen und staunen voll Ehrfurcht.

Eigentlich wollten wir an diesem Nachmittag nur zur Brancahütte aufsteigen. Die Rucksäcke zogen schwer an unseren Schultern. Wir freuten uns auf eine Rast auf der Hüttenterrasse und auf ein Nickerchen in der Herbstsonne. Aber die Neugier trieb uns weiter. Über Moränenwälle, milchig-graue Bäche, steile Geländestufen und zuletzt durch ein kleines Gletschervorfeld folgten wir mehr unserem Gefühl als den spärlich vorhandenen Trittspuren. Weiter und weiter. Bis zu diesem Moment.

Wir blicken uns an. Können wir es wagen hineinzugehen? Nur kurz diskutierten wir mögliche Risiken im Innern. Um ehrlich zu sein: Wir wären in jedem Fall hineingegangen. Die Tiefe dieses überdimensionalen Flugzeughangars aus Eis zog uns magisch an. Jedwedes Knirschen, Knacken und Gurgeln war uns egal.

Wir entdeckten Spalten, die bis an die Oberfläche gingen und durch die gleißendes Licht ins Innere der Grotte fiel. Wir zogen die Steigeisen an und kletterten über riesige Blöcke und durch enge Schächte immer weiter hinein ins Dunkel. Am südlichen Ende des Eispalastes folgte jedoch eine fast schmerzhafte Erkenntnis: Dieses Ende des Fornigletschers war mitsamt seinem Gletschertor schon fast zur Gänze vom Hauptstrom abgerissen und damit zum Sterben verurteilt. Wir standen einfach nur da, abermals wortlos. Die Euphorie war Trauer gewichen. BR

Ortler-Alpen: Fornigletscher, 2017

Ortler-Alpen: Fornigletscher, 2017

**Ortler-Alpen:** Gletschersee am Angelusferner, 2006

Seite 118/119:
**Adamello-Presanella-Alpen:** Presanella mit Presanellagletscher, 2010

Seite 120/121:
**Verwall:** Hoher Riffler mit Pettneuerferner, 2016

Seite 122/123:
**Silvretta:** Kleiner Piz Buin mit Ochsentalergletscher und Silvrettagletscher, 2011

Silvretta: Ochsentalergletscher, 2011

**Silvretta:** Ochsentalergletscher, 2011. Glücklich können sich diejenigen schätzen, die die Eisbrüche des Ochsentalergletschers unterhalb des Piz Buin noch in ihrer vollen Pracht erleben durften! Sie haben die Skitouren zu ‚gewaltigen', eindrucksvollen Touren gemacht.

**Rätikon:** Brandnergletscher, 2011, von der Schesaplana aus gesehen. Mittlerweile ist der Gletscher in zwei Teile zerfallen. Die Flächen unterhalb der Felsinsel sind schon 2017 abgerissen und kleinen Seen gewichen. Vom vorderen Teil des Gletschers ist nur noch an den im Bild schneebedeckten Flächen ein Eisrest erhalten, die hintere Zunge endet am Plateau.



Seite 128/129: **Glarner Alpen:** Bifertenfirn, 2019

Die Nutzung der heute vergletscherten Flächen war lange Zeit überwiegend auf deren Überschreitung und die Verwendung von Schmelzwasser zur Bewässerung beschränkt. Auch Spuren von prähistorischem und historischem Bergbau finden sich an bzw. unter heutigen Gletschern. Prähistorische Artefakte kommen an verschiedenen Alpenpässen unter abschmelzenden Eisfeldern zum Vorschein, etwa am Schnidejoch im Berner Oberland, am Theodulpass in den Walliser Alpen, am Lötschenpass oder am Tisenjoch. Allerdings stammen sie aus Zeiten, in denen die Pässe eisfrei waren.

Die während der Kleinen Eiszeit zunehmend durch Schnee und Eis erschwerte Überquerung höhergelegener Alpenpässe ist durch Dokumente belegt. Verbriefte Weiderechte und Grundbesitz auf der anderen Seite der Pässe konnten teils nur mehr eingeschränkt genutzt werden (wie etwa am Futschölpass), teils haben sich aber die großen Alpenüberquerungen der Herden und Hirten trotz der Eisbedeckung bis heute erhalten (wie etwa zwischen Schnalstal und Ötztal). Der Zug der Walser dürfte in der zweiten Hälfte des 13. Jahrhunderts über den damals noch eisfreien Theodulpass erfolgt sein.

Die Nutzung der Gletscher als Verkehrswege des Alpentransits kam mit dem Ausbau der unvergletscherten Alpenpässe zum Erliegen, ausgenommen die rege Schmugglertätigkeit, die durchaus regionale wirtschaftliche Bedeutung hatte. Die vergletscherten Routen wurden auch als Fluchtwege genutzt, meist unter Beihilfe der lokalen Bevölkerung. Bekannte Beispiele sind die Flucht des Habsburgers Friedrich IV. über die Ötztaler Gletscher nach Innsbruck sowie die für einige Fälle dokumentierte Flucht aus dem NS-Staat in die Schweiz über die Gletscher der Silvretta. Berichtet wird auch von einem Fluchtversuch über die Schesaplana, der für Kurt N., einen jungen Wiener jüdischer Abstammung, allerdings scheiterte: „Im Sommer Flucht über die Schesaplana von Nenzing in Vorarlberg nach Schiers in der Schweiz, aber von dort nach einer Woche im Arrest wieder ausgewiesen und in Buchs, Kanton St. Gallen, der SS übergeben."*

In seinem Buch *Der Weg über die Grenze* beschreibt Wilhelm Meissel** die mörderische Anspannung und die Anforderungen, die bewältigt werden mussten, wenn aus der Not heraus anspruchsvolle Hochtouren als Fluchtwege gewählt wurden – und das von Personen, die keinerlei Erfahrungen als Bergsteiger hatten und nicht im Training standen. Wie glücklich können wir uns schätzen, heute nur zu unserem Vergnügen in den Bergen unterwegs zu sein! AF

* Meissner, R. (2012), https://www.nationalfonds.org/kurt-n
** Meissel, W. (2014)

Glarner Alpen: Bifertenfirn, 2019

**Das Überwinden steiler Eis- und Firnflanken** war zu keiner Zeit eine einfache Angelegenheit. Bis vor wenigen Jahrzehnten lag an den oberen zwei Dritteln der Gletscher eine Firnschicht, und die Hochtourensaison war der Sommer. Seit dem Hitzesommer von 2003 sind die Firnflächen extrem zurückgegangen, teils sind klassische Anstiege schon völlig eisfrei. Felsmaterial aller Größen, das lange unter dem Firn lag und teils angefroren war, macht sich heute schon im Frühsommer, wenn der Winterschnee schmilzt, auf den Weg nach unten. Im Sommer liegt die Nullgradgrenze auch in der Nacht oft über Gipfelniveau, sodass es keine nächtliche Steinschlagpause mehr gibt, die man früher noch ausnutzen konnte. Technik, Material und Taktik des Bergsteigens haben sich entsprechend geändert.
Zur Zeit der frühen Erstbesteigungen war das Stufenschlagen in steilem Eis üblich. Für die erste Durchsteigung der Pallavicinirinne am Großglockner mussten die Führer des Markgrafen etwa 2500 Stufen ins Eis schlagen. Als Steigeisen wurden zu jener Zeit relativ einfache Grödel verwendet. Oscar Eckenstein erfand die zehnzackigen Steigeisen und die nach ihm benannte Eistechnik erst im Jahr 1908. Er entwickelte auch ein kurzes Eisbeil – für heutige Verhältnisse noch ein langer Pickel –, aber deutlich kürzer als die damals sehr langen Führerpickel. Zusätzlich zu diesen wurden auch noch längere Stangen verwendet, die sowohl eine gewissere Sicherheit im tiefen Firn und Schnee versprachen, als auch zum Sondieren von Spalten verwendet wurden. Heute findet man kaum noch Firn und Schnee, der tief genug ist, um einen Stock zu versenken, und dicht genug, um eine Sicherung zu bilden. Als Sicherungspunkt wurde am Gletscher lange Zeit der feste Stand des Gefährten angesehen. 1924 überwanden Fritz Rigele und Willo Welzenbach den heute nicht mehr existenten Eiswulst in der Wandmitte der Nordwestwand des Wiesbachhorns mittels Eishaken, mit denen sie seit einiger Zeit experimentierten und die die Eisgehtechnik revolutionierten. Diese Haken konnten allerdings, anders als die späteren Eisschrauben, nicht mehr aus dem Eis gezogen, sondern mussten freigeschlagen werden. Dies änderte in den 1960er Jahren erst die MARWA-Eisschraube, die mehr an einen Korkenzieher erinnert als an die heute üblichen, mühelos einhändig ein- und wieder herausdrehbaren Hohleisschrauben.
Die Eisklettertechnik entwickelte sich mit dem Aufkommen des Wasserfallkletterns ab den 1980er Jahren sprunghaft. AF

Glarner Alpen: Bifertenfirn, 2019

Glarner Alpen: Bifertenfirn, 2019

**Urner Alpen:** Rhonegletscher, 2011. Die Vliese, die seit der Jahrtausendwende in Gletscherskigebieten zur Verringerung der Schmelzraten aufgebracht wurden, sind zum Symbol eines aussichtslosen Kampfes geworden.

Seite 136/137:
**Bergell:** Cima dal Cantun mit Cantungletscher, 2011

Bernina: Vergissmeinnicht vor Roseggletscher, 2015

**Bernina:** Persgletscher, 2003

Seite 140/141: **Bernina:** Persgletscher, 2019

**Bernina:** Piz Cambrena, 2007

**Bernina:** Piz Cambrena, 2019

**Winter im Wandel: Piz Cambrena, 1990.** Seit einem Jahr leben wir mit jeder Zelle unseres Körpers für den Mount Hunter in Alaska. Rund um die Uhr kreisen unsere Gedanken um diesen schwierigsten Berg des nordamerikanischen Kontinents. Wir trainieren wie wild und gehen, im Rückblick betrachtet zu oft, ins Risiko. Die Eisnase am Piz Cambrena – damals konnte man sie wirklich noch so bezeichnen – soll unsere letzte Vorbereitungstour vor dem Abflug werden.

Nach einer kurzen Abfahrt von der Diavolezza deponieren wir am Persgletscher überflüssige Ausrüstung. Abwechselnd spurend erreichen wir schon bald die steilen Passagen im oberen Drittel. Selbstverständlich gehen wir seilfrei. Auch die kurze Felspassage ist kein Problem. Ein Schluck Tee am Gipfel, ein schnelles Foto und wir beginnen mit dem nordseitigen Abstieg. Trotz unserer Euphorie und schier grenzenlosem Optimismus seilen wir uns schon bald darauf an. Zwischen dunklen Spalten queren wir nach links, zurück zum Grat. Alles läuft wie am Schnürchen. Jetzt müssen wir nur noch die große, untere Flanke zurück zum flachen Persgletscher absteigen.

Ein dumpfer Knall zerreißt die Stille. Vor meinen Augen wird Christian vom Schneebrett mitgerissen, einen Sekundenbruchteil später fliegt auch Jolly durch die Luft und zuletzt reißt auch mich die brachiale Gewalt dieser Lawine aus dem Stand. Kantige Schollen und brodelnde Schneemassen rasen zu Tal. Mittendrin ein Knäuel aus Körpern, Eisgeräten, Steigeisen und eben dem Seil, das alles verbindet.

Stille. Vorsichtig öffne ich die vom Schnee verklebten Augen. Die Lawine hat uns in eine zwei Meter breite, gähnend tiefe Gletscherspalte gespült. Wir liegen übereinandergestapelt auf einer fragilen Schneebrücke. Auch meine beiden Freunde leben. Es genügen ein paar Blicke nach unten, um unsere Situation zu begreifen.

Das durch den Schock freigesetzte Adrenalin hilft uns, das Richtige zu tun. Nach rund fünf Metern Kletterei im senkrechten Eis sitzen wir wenig später kreidebleich auf dem windstillen friedlichen, flachen Gletscher in der Nachmittagssonne. Was war passiert?

Ein warmer und trockener Sommer und vor allem Herbst hatten die Firnauflage dieser Flanke komplett abschmelzen lassen. Die mageren Schneefälle des Winters fielen auf graues Blankeis. Starke Winde und große Kälte taten ein Übriges. Eine Verbindung des Neuschnees mit dem Untergrund war praktisch nicht vorhanden. Bedingungen, die wir jetzt – rund 30 Jahre später – schon fast als Normalität erleben. Die Firnauflagen der Gletscher und Eiswände schmelzen bis in immer größere Höhen ab. Ein stabiler Schneedeckenaufbau wird zur Ausnahme. Mehr Sicherheit gibt es aktuell nur durch mehr Vorsicht und nicht zuletzt durch eine neue Form des Risikomanagements und der Risikobewertung. Heute lebe ich Verzicht statt Mut. BR

**Bernina:** Tschiervahütte und Tschiervagletscher, 2018. Der Tschiervagletscher ist einer der Gletscher mit besonders gut bekannter Geschichte. An seiner Zunge, etwas unterhalb der Hütte, finden sich Arven, die vor mehreren Jahrtausenden an Stelle der heutigen Gletscherzunge gewachsen sind und das holozäne Klimaoptimum dokumentieren. Wird die Tschiervahütte bald wieder in einem Wäldchen stehen?

**Bernina:** Coazhütte und Roseggletscher, 2015. Rund um die Coazhütte sind die Spuren der Eiszeitgletscher noch deutlich sichtbar. Nur die schroffen Gipfel, die im Bild direkt über der Hütte aufragen, waren eisfrei. Heute sind die Überreste des Roseggletschers von Felsinseln durchbrochen. Wann werden die Gletscher wiederkommen – gibt es uns dann noch?

Bernina: Persgletscher, 2003. Gegen Ende des Sommers 2003 waren die Gletscher, bedingt durch die extreme Schmelze, sehr spaltenreich – teilweise gab es kaum ein Durchkommen. Wer hätte sich damals gedacht, dass wir heute an vielen der damals spaltigen Stellen bereits auf Fels stehen?

Berner Alpen: Wetterhorn und Gutzgletscher, 2010

**Berner Alpen:** Aletschgletscher, 2019

Der Aletschgletscher in den Berner Alpen ist mit etwa 78,5 Quadratkilometern* (Stand 2017) der größte und mit mehr als 18 Kilometern der längste Gletscher der Alpen. Seit 2001 ist er Teil des UNESCO-Weltnaturerbes Schweizer Alpen Jungfrau-Aletsch. Am Konkordiaplatz, an dem drei große Teilströme zur gemeinsamen Zunge zusammentreffen, erreicht der Aletschgletscher eine Dicke von 900 Metern, das ist etwa die dreifache Dicke der größten Ostalpengletscher. Am Konkordiaplatz erreicht die Fließgeschwindigkeit des Eises etwa 200 Meter pro Jahr. Seit 1870 wird die Längenänderung des Aletschgletschers gemessen, die seither mehr als drei Kilometer beträgt. Seit 1921 wird auch an einzelnen Punkten die Massenbilanz gemessen.
Die im Bild sichtbaren Mittelmoränen grenzen die drei Teilströme, die in der Hauptzunge zusammen talwärts fließen, voneinander ab. Hier wird Material, das von den Begrenzungsfelsen der Firnbecken abgetragen wird, talwärts transportiert. Auch nach dem Abschmelzen der großen Gletscherzungen bleiben diese Strukturen als sogenannte Blockstreu liegen und machen die Fließdynamik vergangener Zeit sichtbar.
Wie an einigen anderen großen Alpengletschern konnte auch die Geschichte des Großen Aletschgletschers für die letzten 3200 Jahre aus Baumstämmen rekonstruiert werden, die er bei Vorstößen überfahren hat**. Diese Hölzer werden aus dem Moränenmaterial geborgen und können durch den Vergleich der Jahrringe mit bekannten Reihen absolut datiert werden. Der Aletschgletscher ist demnach 1000–600 v. Chr., 500–600 n. Chr., 800–900 n. Chr., 1100–1200 n. Chr. und während der Kleinen Eiszeit 1300–1860 n. Chr. vorgestoßen. Ähnliche Zeitreihen existieren auch an der Pasterze (Hohe Tauern), am Gepatschferner (Ötztaler Alpen), am Tschiervagletscher (Bernina) und am Mont-Miné-Gletscher (Wallis). Neben den Vorstößen kann man aus diesen Daten auch die wärmeren Zeiten rekonstruieren***, etwa vor etwa 9200 Jahren, zwischen 7450 und 6650 vor heute und zwischen 6200 und 5650 vor heute. Zu diesen Zeiten konnten an den heutigen tiefgelegenen Gletscherzungen Pflanzen wachsen. AF

Seite 152/153:
Berner Alpen: Aletschgletscher, 2019 (Nachtaufnahme)

Seite 154/155:
Berner Alpen: Lötschental mit Dischliggletscher, 2019

* GLAMOS (1881–2018)
** Holzhauser et al. (2005)
*** Joerin et al. (2008)

**Berner Alpen:** Schreckhorn und Finsteraarhorn mit oberem Grindelwaldgletscher, 2010

Berner Alpen: Skitour zum Mittaghorn mit Äbeni-Flue-Firn, 2008

**Berner Alpen:** Oberes Eismeer, 2018

**Oberes Eismeer, Juli 2018.** Wie vor jeder Tour verschmelze ich auch dieses Mal die Prognosen mehrerer Wetterberichte zu einer – meiner – persönlichen Einschätzung. Wir wollen unbedingt noch hinauf zur Schreckhornhütte und zum Oberen Eismeer, bevor eine Kette atlantischer Tiefdruckgebiete den lang erwarteten Wetterwechsel bringt. Tagelange Hitze mit monströsen Quellwolken liegt hinter uns, eine Kaltfront wird spätestens heute Nacht für einen dramatischen Temperatursturz sorgen, vielleicht auch schon früher – und für Gewitter.

Mein Gefühl sagt mir, dass wir es schaffen werden. Wir rechnen mit drei Stunden für den Aufstieg. Aber schon als wir in großen Schritten die Bäregghütte passieren, sehen wir draußen am Faulhorn breite Regenschleier vor grauschwarzen Gewitterwolken. Wir geben Gas. Immer wieder schaue ich zurück, ob die Wolken schon in die Gletscherschlucht hereindrücken. Bei den ersten Ketten, mit denen der Weg gesichert ist, prüfe ich vorsichtig, ob ich irgendeine Spannung spüre. Nichts. Also weiter.

Der Weg ist steil und anspruchsvoll, führt immer wieder durch Absturzgelände. Wir gehen so schnell wir können. Draußen über Grindelwald zucken die Blitze, Donner rollt ins Tal. Erste Regenschauer durchnässen uns gleich bis auf die Haut. Als wir wenig später die Tür zur Schreckhornhütte öffnen, bricht hinter uns die Hölle los. War meine Entscheidung, noch loszugehen, tatsächlich richtig gewesen? Kann ich mich tatsächlich auf meinen Instinkt verlassen?

Bergsteigen birgt Gefahren, das ist eine Binsenweisheit. Jede und jeder hat es dabei selbst in der Hand, wie sehr er sich auf diese Gefahren einlassen will. Die richtige Selbsteinschätzung, ausreichend Können und Wissen, aber auch eine „gesunde“ Intuition ist bei jeder Tour enorm wichtig. Das Magische auf großen Touren ist für mich, dass sich die Sinne schärfen, sobald ich mich auf die Natur einlasse, mich einfühle in Wetter, Berg und eben den Gletscher. Sobald das geschieht, bin ich eins mit der Natur.

Wenn ich in diesem Zustand bin, geht es nicht mehr darum, einen Berg zu „bezwingen“, ich habe vielmehr das Gefühl, mit den Gefahren, die ich wahrnehme, zu „schwimmen“ – voll im Vertrauen. Dann komme ich in einen Flow, in dem keine Angst mehr existiert. Nur eine intensive Wachheit, ganz im Moment – für mich ist das wunschloses Glück. BR

**Berner Alpen:** Skitour zur Jungfrau mit Jungfraufirn, 2004

**Berner Alpen:** Unteraargletscher, 2015. Der Unteraargletscher ist die Wiege der Gletscherforschung – Hugi und Agassiz haben seine Oberfläche untersucht. Hier hat Almut Iken ergründet, wie das unter dem Gletscher abfließende Wasser das Gleiten des Gletschers und damit auch seine Oberflächengeschwindigkeit beeinflusst.

Berner Alpen: Unteraargletscher, 2015

Seite 164/165: Berner Alpen: Aufstieg im Sommerregen zur Schreckhornhütte mit Fieschergletscher, 2018

Berner Alpen: Aletschhorn mit Mittelaletschgletscher, 2019

**Berner Alpen:** Langgletscher, 2019. Lange Zeit war der Langgletscher ein Gletscher wie aus dem Lehrbuch, nun ist seine stattliche Zunge in zwei Teile zerfallen.

Seite 168/169: **Berner Alpen:** Unteraargletscher, 2015. Dieser Gletscher im Haslital ist der Sage nach erst durch ein Fehlverhalten der Menschen entstanden.

**Walliser Alpen:** Matterhorn mit Furgggletscher, 2019

Seite 172/173:
**Walliser Alpen**: Lysgletscher, 2019

**Walliser Alpen:** Strahl- und Rimpfitschhorn mit Allalingletscher, 2019

## Ehrerbietung an die Gletscher

*Kraftvolle Schönheit*
*so still und so wild*
*Ich fühle Dein Wesen*

*Du gibst Dich hin,*
*dem Leben und dem Tod*
*ganz im Vertrauen*

*Loslassen, Fließen, Verdunsten,*
*Regen, Schnee und Eis*
*Das ewige Rad*

*Du lässt mich erkennen:*
*Es wechselt die Form und nicht das Sein*

*Frieden entsteht und Weite*

*Hab Dank für diese Lehre*

Manuela Ritschel

Walliser Alpen: Grenzgletscher, 2005

**Walliser Alpen:** Unterer Theodulgletscher, 2019

Seite 178/179: **Walliser Alpen:** Chessjengletscher (Eisdetail ca. 10 mm breit), 2019

**Walliser Alpen:** Dent Blanche mit Durand- und Grand-Cornier-Gletscher, 2011

**Walliser Alpen:** Gletschervorfeld des Chessjengletschers, 2019

**Walliser Alpen:** Dom mit Riedgletscher, 2019

**Walliser Alpen:** Grenzgletscher, 2004

Seite 184/185: **Walliser Alpen:** Gornergletscher mit Lyskamm, Castor, Pollux und Breithorn, 2019

**Walliser Alpen:** Zinalrothorn mit Moominggletscher, 2011. In den Westalpen, über 4000 Meter, ist die Gletscherwelt noch weitgehend in Ordnung, noch berührt die Erwärmung diese Höhen kaum. Einzig am Untergrund angefrorenes Eis erwärmt sich langsam – noch ist die Erwärmung aber zu gering, um auch hier die Landschaft markant zu verändern.

**Walliser Alpen:** Liftanlagen beim Trockenen Steg, 2019

**Walliser Alpen:** Liftanlagen beim Trockenen Steg, 2019

**Theodulgletscher, September 2019.** Ganz langsam verfärbt sich der Himmel über dem Matterhorn. Aus schwachen Blautönen wird zartes Rosa. Aus bleierner Schwere strahlende Magie. Ich stehe an einem Platz von epischer Schönheit: Goldgelb beleuchtet die aufgehende Herbstsonne die oberen zwei Drittel des Matterhorns. Was für ein Geschenk für einen Fotografen!

Vielleicht ist es ganz gut, dass die Eisfelder des Furgggletschers im unteren Bereich der Matterhorn-Ostwand noch im Schatten liegen. Dreckig und trist sind sie vom Steinschlag des Sommers gezeichnet und damit nicht wirklich fotogen. Wie so oft gestalte und beeinflusse ich die Bildaussage durch Reduktion. Ich zeige das Schöne.

Wenig später schiebt sich ein dunkles Wolkenband vor die Sonne und nimmt dem Matterhorn das Licht und damit die strahlende Würde. Ich packe Kamera und Stativ ein und gehe von meinem Aussichtspunkt zurück Richtung Gandegghütte. Auf halbem Weg bleibe ich stehen, hebe den Kopf und drehe mich, aufmerksam schauend, einmal um meine eigene Achse. Wo bin ich eigentlich? Und was tue ich hier?

Meine Gedanken jagen umher wie die drei Dohlen, die über mir im warmen Südwestwind mit der Schwerkraft spielen. Um mich herum stehen Seilbahnmasten, vor mir liegen aufgerissene und vernarbte Skipisten sowie monströse Gebäude. Eine trostlose, zerstörte Landschaft. Als Krönung des Wahnsinns „ploppen“ in kurzen Abständen fußballgroße Schneebrocken von einem ratternden Förderband: Die Beschneiung der Pisten für den nächsten Winter hat bereits begonnen – Ende September. All dies sieht man auf meinem Bild von der Morgenstimmung am Matterhorn nicht. Bin ich deswegen ein Lügner?

Mir ist es eine Herzensangelegenheit, die Menschen mit meinen Bildern zu berühren, sie zu begeistern, sie mitzunehmen in eine Welt von erhabener Schönheit und dabei nichts als die Wahrheit zu zeigen. Nur wer die Schönheit und Größe der Natur erkennt, wird bereit sein, sie zu schützen. Das ist mein Credo.

Aber geht meine Philosophie noch auf? Ticken wir Menschen tatsächlich so? Sind wir bereit, uns schützend vor die Schönheit der Natur zu stellen und unser Verhalten entsprechend zu ändern? Oder bedarf es dazu ganz anderer Botschaften und Bilder? Ich habe noch immer keine Antwort auf diese Frage gefunden. BR

**Walliser Alpen:** Turtmanngletscher, 2011. Flechten helfen dabei, frühere Gletscherstände zu datieren. Abbildung rechts: Die immensen Schmelzwassermengen der letzten Jahrzehnte haben tiefe, mäandrierende Bäche als pulsierende Adern an der Oberfläche der Gletscher hinterlassen.

Walliser Alpen: Gornergletscher, 2019

**Walliser Alpen:** Weisshorn mit Bruneggletscher, 2019

Seite 196/197:
**Walliser Alpen:** Weisshorn mit Turtmanngletscher, 2011

Seite 198/199:
**Grajische Alpen:** Blick von der Grivola auf den Gran Paradiso, 2007

Walliser Alpen: Hohlaubgletscher, 2019 (Nachtaufnahme)

**Gletscherkatastrophen waren der Auslöser** für die Erforschung der Gletscher. In den Ostalpen sind eine Reihe von Gletscherseen, etwa Gurgler und Rofner Eissee wiederholt ausgebrochen, in der Schweiz der Mattmarksee, erstmals historisch dokumentiert im Jahr 1633. Damals wurden viele Menschen durch die Katastrophe gezwungen, das Tal zu verlassen. Nach einem weiteren Ausbruch 1680 legten die Talbewohnerinnen und Talbewohner ein „scharfes Gelibt" ab, 40 Jahre „mit dem Tanzen und Spillen aufzuhören"*, was weitere Ausbrüche leider nicht verhindert hat.
Vor allem in den Westalpen sind noch weitere Gletscherkatastrophen bekannt, etwa Flutwellen vom Giétrozgletscher (Walliser Alpen), der einen See aufgestaut hatte. Auch plötzlich ausbrechende Wasseransammlungen innerhalb der Gletscher führten wiederholt zu großer Zerstörung, etwa 1892 im Mont-Blanc-Gebiet vom Dôme du Goûter/Glacier de Bionassay, 1969 vom Trientgletscher, aber auch immer wieder vom Bossonsgletscher. Eisstürze mit großen Schäden ereigneten sich unter anderem 1895 vom Altels in den Berner Alpen und 1636 vom Bisgletscher (Walliser Alpen). Während Eisstürze mit Schadensfolgen in den letzten Jahrzehnten seltener geworden sind, scheint die Gefahr von Ausbrüchen von Wasseransammlungen im Gletscher noch nicht gebannt. Allein in der Schweiz wurden im Jahr 2003 49 Gletscher als gefährlich eingestuft**. In den Jahren 2003, 2009, 2011 und auch 2019 kam es zum Ausbruch einer Wasseransammlung im Oberen Grindelwaldgletscher (Berner Alpen), die zwar Hochwasser in Grindelwald auslösten, aber keine größeren Schäden verursachten – auch dank vorgenommener Evakuierungen. Im Zuge des Gletscherrückganges bildete sich auch ein neuer See am Unteren Grindelwaldgletscher, der durch den Bau eines Ableitungsstollens entschärft wurde. Zermatt hat für den Triftbach ein Pegelwarnsystem installiert, das den Einsatzkräften beim Ausbruch einer Wassertasche im Sommer 2019 15 Minuten Vorwarnzeit gab, bevor die Flutwelle Zermatt erreichte. Auch am Plaine-Morte-Gletscher in den Berner Alpen werden oberflächliche Seen beobachtet. Im Mont-Blanc-Gebiet hatte sich im Jahr 2009 am Tête-Rousse-Gletscher in 3200 Meter Höhe oberhalb des Dorfes Saint-Gervais eine glaziale Wassertasche gebildet, die durch geophysikalische Messungen entdeckt wurde. Eine ähnliche Wasseransammlung hatte das Dorf im Jahr 1892 unter sich begraben. Im Juli 2010 wurde ein Warnsystem installiert, um im Ernstfall die 900 bedrohten Häuser evakuieren zu können – die Bewohnerinnen und Bewohner hätten zehn Minuten Zeit gehabt, um einen der 17 höher gelegenen Sammelpunkte zu erreichen. Im Jahr 2010 wurde auch damit begonnen, das Wasser abzupumpen***. Die Gletscher des Alpenraumes bleiben also gefährlich, trotz oder auch wegen der raschen Änderungen durch die großflächige Schmelze. AF

* Haid (2004)
** Raymond et al. (2003)
*** Vincent et al. (2012)

Grajische Alpen: Kletterei an der Grivola, 2007

Grajische Alpen: Kletterei zum Einstieg der Grivola, 2007

**Grivola, September 2007.** Wenige Meter unter mir kratzt Jolly mit den Eisgeräten über hartes, fast komplett von Sand und Schutt bedecktes Blankeis. Ein vernünftiges Sichern ist in diesem Gelände trotz 45 Grad Steilheit fast nicht möglich – wir gehen seilfrei.
Durch den Rückgang des Trajogletschers ist der Zustieg vom flachen Eis zum Beginn der Kletterei deutlich länger und unangenehmer geworden. Am Einstieg angekommen, trinken wir ein paar Schlucke Tee und deponieren die Eisausrüstung. Die ersten Sonnenstrahlen lassen die umliegenden Gipfel in der Morgensonne erstrahlen. Ganz langsam komme ich zur Ruhe. Mein Atem wird tiefer, der Geist entspannt sich.
Meine Hände greifen nun warmen, rauen Fels, die schweren Bergschuhe finden Halt auf kleine Leisten in den rotbraunen Gneisplatten. Reiner Klettergenuss im zweiten und dritten Schwierigkeitsgrad. Weiter oben wird es wieder spannend: Der auftauende Permafrost hat so manchen Felsturm zum Einsturz gebracht. Überall liegen lose Felsblöcke, Schutt und Sand. Wir klettern die gesamte Südwand der Grivola seilfrei – nicht weil wir so mutig oder so gut sind, sondern schlichtweg, weil ein Sichern in diesem Gelände schier unmöglich ist – oder unendlich viel Zeit in Anspruch nehmen würde.
Umso dankbarer bin ich, mit einem guten Freund unterwegs zu sein und nicht in einer reinen Zweckgemeinschaft. Jeder von uns beiden weiß, was der andere tut, wie er reagiert, dass wir uns aufeinander verlassen können. Pures Vertrauen – weit über diesen Gipfel hinaus. BR

Seite 202/203:
**Grajische Alpen:** La Tresenta und Ciarforon mit Moncorvegletscher, 2007

Seite 204/205:
**Mont-Blanc-Gebiet:** Argentièregletscher, 2019. Der Eisfall des Argentièregletschers bei Chamonix gehört zu den spektakulärsten der Alpen. Er entsteht durch die rasche Bewegung des Gletschers über eine Felskuppe. Das Eis fließt über diese Erhebung und reißt dabei auf. Seit 1975 wird die Oberflächengeschwindigkeit, seit 1997 die Gleitgeschwindigkeit dieses Gletschers am Untergrund gemessen, Letzteres in einer Höhle, in der sich ein Fahrradreifen durch den Eiskontakt dreht. Die Gleitgeschwindigkeit hat sich zwischen 1995 und 2015 von fast 200 Meter pro Jahr auf unter 100 Meter halbiert.

**Mont-Blanc-Gebiet:** Rochefortgrat und Mont-Mallet-Gletscher, 2019

Mont-Blanc-Gebiet: Argentièregletscher, 2019

Mont-Blanc-Gebiet: Mer de Glace, 2004



Seite 210/211: Mont-Blanc-Gebiet: Aiguilles de Chamonix mit Nantillonsgletscher, 2003

Mont-Blanc-Gebiet: Mer de Glace, 2019

**Mont-Blanc-Gebiet:** Aiguille Verte, Couloir Couturier, 1988

**Aiguille Verte, Couloir Couturier, Dezember 1988.** Vor wenigen Wochen habe ich mich als freiberuflicher Fotograf selbstständig gemacht. Meine fachliche Kompetenz ist überschaubar, mein Startkapital, die Zivildienst-Abfindung in Höhe von DM 1448,–, ist fast aufgebraucht. Mein Herz und meine Seele aber brennen vor Leidenschaft. Ich werde notorisch pleite sein, dafür aber frei und glücklich. Wenn ich Hunger habe, fahre ich zu meinen Eltern, wenn ich eine große Tour plane, wähle ich die Nummer eines guten Freundes. So einfach ist das Leben der Jugend.

Eddi und Franz brauchte ich nicht lange zu überreden für ein Abenteuer an der Aiguille Verte. Der Winter war bislang schneearm, die Verhältnisse sind dementsprechend gut. Am 28. Dezember um drei Uhr nachts klettern wir bei rund minus 20 Grad über den Bergschrund ins Couloir Couturier. Immer wieder leuchte ich mit meiner Stirnlampe in die 55 Grad steile Eiswand, so weit der Lichtkegel reicht. Nicht eine Felsinsel durchbricht die gleichmäßige, ungemein breite Flanke. Wir kommen gut voran, erreichen schon kurz nach Sonnenaufgang diesen wilden, einsamen Gipfel.

Hätte ich damals schon gewusst, wie sehr sich die Eiswände im Lauf meines Lebens verändern, ich hätte in dieser Nacht jeden Schritt zelebriert. Jeden Augenblick hätte ich wie für die Ewigkeit aufgesogen.

Die Nordwände im Argentière-Kessel habe ich alle noch in voller Pracht, das heißt mit viel Eis, erleben dürfen. Heutzutage wäre es Selbstmord, im August in die Schweizerführe der Courtes-Nordwand einzusteigen – vor dreißig Jahren war es „normal".

Was hat sich verändert? Zum einen sind die meisten dieser Eisrouten durch den Eisrückgang und die Ausaperung steiler und schwieriger geworden. Da, wo das Eis ganz fehlt, muss man sich heute über glatte, kaum absicherbare Felsplatten mogeln, viel öfter aber noch durch lebensgefährlichen Bruch. Zum anderen werden die Zeitspannen kürzer, in denen Eiswände und Couloirs überhaupt noch begangen werden können. Oft endet die „Saison" schon im Mai. Dafür öffnen sich, zumindest in manchen Jahren, neue Zeitfenster, zum Beispiel im Oktober nach ersten Schneefällen.

Die klassische „Eissaison", die ich in meiner Jugend erlebt habe, gibt es längst nicht mehr, und das, was noch geht, ist in manchen Jahren überhaupt nicht planbar. Risikoeinschätzung und -management wird zur Kernaufgabe der Eisgeher. Man muss in vielen einst so berühmten „klassischen" Routen schon sehr, sehr gut abwägen, ob das mittlerweile deutlich höhere Risiko, von Steinschlag getroffen zu werden, überhaupt noch eine Begehung erlaubt beziehungsweise rechtfertigt. Im steilen Eis unterwegs zu sein, braucht mehr Erfahrung, Können und Gespür denn je. BR

Mont-Blanc-Gebiet: Lärchen am Miagegletscher, 2019

Mont-Blanc-Gebiet: Lärchen am Miagegletscher, 2019

**Mont-Blanc-Gebiet:** Val Veny und Miagegletscher, 2019

Die Schuttbedeckung der Gletscherzungen wird in den nächsten Jahren noch zunehmen. Da das Eis unter dem Schutt kaum schmilzt, ist der Gletscher so gut wie nicht von den bewaldeten Moränen zurückgewichen. Es kann in Zukunft sogar der Fall eintreten, dass der im Bild im Nebel versteckte obere Teil des Gletschers, dessen Eis blank liegt, lange vor dem Eis der Zunge schmilzt. Die schuttbedeckten Teile können für Jahrtausende konserviert bleiben. Sinken die Bewegungsraten, weil von oben kein Eis mehr nachkommt, kann der Wald sogar, wie hier im Bild, das Herz des Gletschers erobern. Waldbestände auf Gletschern kennt man bislang aus Alaska und dem Himalaya. Während also die tiefliegenden Zungen ohne schützende Schuttschicht sehr rasch zurückgehen, wird uns die im Bild sichtbare Art von Gletschern noch sehr lange erhalten bleiben.

Aus Funden von Bäumen und Torfstücken an den heute zurückweichenden Gletscherzungen wissen wir, dass dort über längere Zeit im Holozän Pflanzen gedeihen konnten. Es ist daher besonders spannend, die Rückeroberung der heute eisfrei werdenden Flächen durch die Vegetation zu beobachten. Die Wiederbesiedlung dieser Flächen ist durchaus vorteilhaft, da der Pflanzenbewuchs den Untergrund durch die Wurzeln etwas verfestigt und so die Gefahr einer Mobilisierung losen Materials bei Starkniederschlägen etwas verringert werden kann. Grundsätzlich erfolgt die Wiederbesiedlung unter den derzeitigen Bedingungen sehr rasch, schon wenige Jahre nach dem Abschmelzen des Eises finden wir eine Reihe von Arten im Gletschervorfeld. Auch Bäume kommen relativ rasch nach, schon wenige hundert Meter vom Eisrand entfernt finden sich die ersten kleinen Bäumchen. Nur an den Stellen, wo im Untergrund noch Eis vorhanden ist und daher der Boden nicht zur Ruhe kommt, bleibt der Bewuchs sehr spärlich. AF

**Mont-Blanc-Gebiet:** Aiguille Blanche und Mont Blanc mit Brenvagletscher, 2004

**Mont-Blanc-Gebiet:** Miagegletscher, 2019

Mont-Blanc-Gebiet: Mer de Glace, 2016

Mont-Blanc-Gebiet: Tourgletscher, 2003

**Mont-Blanc-Gebiet:** Aiguille du Chardonnet und Aiguille du Argentière mit Milieugletscher, 2006

Seite 224/225: **Mont-Blanc-Gebiet:** Bossonsgletscher, 2016

Seite 226/227: **Dauphine:** Barre des Écrins und Blancgletscher, 2006

**Dauphine:** Blancgletscher, 2006

Dauphine: Barre des Écrins und Blancgletscher, 2006

**Vanoise:** Grande Casse und Glièregletscher, 2006

Seite 232/233:
**Mont-Blanc-Gebiet:** Mer de Glace, 2019 (Nachtaufnahme). Die Bergstation Montenvers. wirft Licht und Schatten auf den Wald im Vordergrund.

# Von Erforschung und Erschließung der Gletscher: Wie der Mensch aufs Eis kam

Die Erforschung der Natur ist für lange Zeit den Philosophen vorbehalten. Erst mit dem technischen Fortschritt, dem Bau von Messgeräten und der Spaltung der Wissenschaft in verschiedene Teildisziplinen entwickelt sich ein auf Messungen begründetes physikalisches Verständnis von Gletschern als Naturphänomenen. Es ist erstaunlich, welch wesentliche Erkenntnisse in der Antike allein durch Beobachtung und Nachdenken gewonnen werden: So etwa formuliert Parmenides schon um 500 v. Chr. ein Modell verschiedener Klimazonen der Erde. Unter den ersten Forschern, die sich mit dem Alpenraum beschäftigen, ist Plinius der Ältere (ca. 23 n. Chr.–79 n. Chr.), der mit *Naturalis Historia* eines der ersten Werke der Naturkunde verfasst, das auch die Bereiche Meteorologie und Klimatologie umfasst – nicht aber das Phänomen der Gletscher. Die historische Darstellung der Alpen als Ort schrecklicher Gefahren (montes horribilis) beklagt der große Naturforscher Alexander von Humboldt (1769–1859), der sein Werk *Kosmos* (erschienen 1845 bis 1862) dem Plinius gewidmet hat:

> *Vom ewigen Schnee der Alpen, wenn sie sich am Abend oder am frühen Morgen röthen; von der Schönheit des blauen Gletscher-Eises, von der großartigen Natur der schweizerischen Landschaft ist keine Schilderung aus dem Altherthum auf uns gekommen: und doch gingen ununterbrochen Staatsmänner, Heerführer und in ihrem Gefolge Litteraten durch Helvetien nach Gallien. Alle diese Reisenden wissen nur über die unfahrbaren, scheußlichen Wege zu klagen, das Romantische der Naturscenen beschäftigte sie nie.*[1]

Zur Verteidigung der Gelehrten des Altertums könnte man vorbringen, dass die Gletscher – zumindest der Ostalpen – zwischen 430–200 v. Chr. und 240–410 n. Chr. relativ klein gewesen sein dürften, wie die Abwesenheit von Sedimenten aus Gletscherwasser im Bodenarchiv des Oberfernau-Moores im Stubaital[2] und archäologische Funde am Schnidejoch[3] (2756 m) im Berner Oberland zeigen. Allerdings waren die Gletscher, wie man aus den mit Radiokarbon datierten untersten Schichten von an den Gipfeln angefrorenen Eisflecken weiß, zur Römerzeit zwar klein, aber nicht völlig verschwunden[4]. Sie dürften aber im römerzeitlichen Klimaoptimum keine Rolle für das Leben der Menschen gespielt haben.

## Das Bild der Gletscher

Wie wir Menschen Gletscher sehen, hängt stark von der Epoche und den Lebensbedingungen ab. Bis zur Romantik werden Gletscher hauptsächlich als Bedrohung wahrgenommen – so sie denn überhaupt von der städtischen Bevölkerung zur Kenntnis genommen werden, deren Stimme es ist, die wir aus schriftlichen Quellen hauptsächlich vernehmen. Wie die Menschen, in deren Lebensumfeld Gletscher existierten, diese sahen, ist uns nicht überliefert.

Frühe Naturforscher widmen sich oft den Gefahren, die im Alpenraum Reisende bedrohen, etwa Lawinen und Muren. Der Schweizer Naturgelehrte Johann Jakob Scheuchzer (1672–1733) bildet hier keine Ausnahme. Auch wenn er erste Theorien zur Bewegung der Gletscher formuliert, bleibt seine Beschäftigung mit dem Eis eher theoretischer und philosophischer Natur.

Ganz anders nähert sich der Jesuit Joseph Walcher (1719–1803 in Wien) in seinem 1773 erschienenen Buch *Nachricht von den Eisbergen in Tyrol* dem Thema Gletscher. Der Ma-

**Bernina:** Persgletscher, 2003

thematiker und Physiker beschäftigt sich im Rahmen seines Lehrstuhles an der Universität Wien mit Fragen der Mechanik und Hydraulik. Er besucht das Ötztal, um die Ursachen für die in der Kleinen Eiszeit regelmäßig auftretenden Überschwemmungen durch Ausbrüche von Gletscherseen zu erforschen[5]. Walcher versucht erstmals, mit naturwissenschaftlichen Methoden die Ursache der Gletschervorstöße zu ergründen. Zu dieser Zeit gilt die Gletscherforschung als Geschichtswissenschaft, da weniger mit den Messmethoden der Naturwissenschaft, sondern mehr mit historischen Berichten gearbeitet wird.

> *Einige wollen behaupten die Ferner oder Eisberge hatten in Tyrol erst in dem dreyzehnten Jahrhunderte ihren Anfang genommen; Es sollen nämlich in diesem Jahrhunderte mehrere sehr kalte Winter aufeinander gefolget seyn, in welchen sich der Schnee und das Eis auf den hohen Bergen und in den Thälern dergestalt gehäufet hat, daß die darauffolgende Sonnenhitze nimmermehr ist vermögend gewesen dasselbe gänzlich zu zerschmelzen. Allein erscheinet viel wahrscheinlicher zu seyn daß in Tyrol ebenso wie in der Schweiz schon dazumal Eisberge gewesen sind da diese Länder angefangen haben bewohnt zu werden. Der Urheber der Natur wollte diese Berge und Thäler mit immer daurendem Schnee und Eise bedecket und angefüllt haben; theils damit dieser ungeheure Vorrath vom Eise und Schnee zu einem allgemeinen Wasserbehältniße dienen sollte aus welchem die angränzenden Länder mit genugsamen Bächen, und Flüßen könnten versehen werden; theils , damit die Luft dadurch gereiniget und die gar zu große Hitze, welche zwischen den hohen Bergen unerträglich wäre, gemäßiget würde.*[6]

Interessanterweise fällt der von Walcher hier geschilderte Prozess der Vereisung tatsächlich mit dem heute durch dendrochronologische Untersuchungen festgestellten Beginn einer turbulenten Klimaepoche, der sogenannten Kleinen Eiszeit[7], zusammen, deren Eintreten oft um 1250 n. Chr. festgesetzt wird. Zu dieser Zeit dürften die Gletscher begonnen haben vorzustoßen. Für diese Überlieferungen gibt es aber zu Walchers Zeit keine unmittelbaren Belege. Im Gegenteil befinden wir uns noch in einer Epoche, in der sich die Wissenschaft erst langsam vom Aberglauben löst. Sagen, die von der Entstehung der Gletscher als Strafe Gottes erzählen, sind über den ganzen Alpenbogen verbreitet und tief im kollektiven Gedächtnis verankert. Demnach sollen beispielsweise der Marmolada-Gletscher in den Dolomiten, der Elendgletscher in den Hohen Tauern, die Übergossene Alm in den Berchtesgadener Alpen, Gurgler- und Langtauferferner in den Ötztaler Alpen, aber auch die Blümlisalp in den Berner Alpen, die Gletscher im Lötschental und viele andere mehr als Folge von Übertretungen religiöser oder moralischer Gebote entstanden sein. Falls es sich bei den Sagen nicht um christliche Überprägungen vorchristlicher Überlieferungen handelt, können wir nach unserem heutigen Wissen die darin berichtete Klimaverschlechterung mit den anwachsenden Gletschern der Kleinen Eiszeit in Verbindung bringen.

## Wenn die Welt erschaffen wurde, ist sie schon fertig?

Interessant an der Geisteswelt des 18. und 19. Jahrhunderts ist aus heutiger Sicht das statische Verständnis einer von Gott geschaffenen Natur, das selbstverständlich auch die Gletscher beinhaltet. Kopernikus' Buch *De revolutionibus orbium coelestium*, das in seinem Todesjahr 1543 erschien, ist immerhin bis 1822 nur in Bearbeitungen zugelassen, in denen betont wird, dass es sich beim heliozentrischen Weltbild nur um ein mathematisches Modell handelt. Galilei, der um 1616 die Lehre des Kopernikus wieder aufgegriffen hat, wird erst 1992 von der römisch-katholischen Kirche rehabilitiert. 1859 kommt es mit der Veröffentlichung von Darwins Buch zur Evolutionstheorie *The Origin of Species* zu einer weiteren wesentlichen Auseinandersetzung zwischen den Anhängern der biblischen Schöpfungsgeschichte und der Naturwissenschaften. Zur Zeit Scheuchzers und Walchers wähnen wir uns zwar schon mitten in der Epoche der Aufklärung, es wird aber mehrere Jahrhunderte dauern, bis die grundlegenden Konzepte der Naturwissenschaften erarbeitet und akzeptiert werden – und damit auch Veränderungen des Klimas und der Gletscher erkannt werden können. Die führenden Naturwissenschaftler zu Zeiten Scheuchzers und Humboldts sehen die biblische Sintflut als Ursache der Entstehung der heute den Gletschern zugeschriebenen Landschaftsformen. Freies naturwissenschaftliches Forschen im heutigen Sinn scheint in einem von Kirche und Obrigkeit dominierten geistigen Klima noch nicht möglich zu sein.

Umso bemerkenswerter sind detaillierte Beobachtungen zum Vorstoß und Rückgang der Gletscher, wie sie der bereits zitierte Jesuit Joseph Walcher beschreibt:

*Von dem Wachsthume der Ferner hört man in Tyrol fast so vieles fabelhaftes als in der Schweiz von dem Wachsthume der Gletscher, von welchen man vormals geglaubt hat daß sie durch sieben Jahre allezeit zu, und durch andre sieben Jahre wiederum abnehmen. Allein beydes das Abnehmen sowohl, als der Wachsthum hängt nur von der Witterung ab, welche in verschiedenen Jahrläufen sehr ungleich ist.*

## Die Gletscherforschung nimmt Fahrt auf

Mit Alexander von Humboldt (1769–1859), der als erster Vertreter der wissenschaftlichen Geographie gilt, beginnt eine neue Ära der Erforschung unserer Umwelt. Humboldt will die physischen Phänomene der Welt verstehen und beschreiben und verwendet dazu neue, gerade eben erst entwickelte Messinstrumente. Dies hindert ihn jedoch nicht daran, seinem jüngeren Kollegen, dem Schweizer Naturforscher Jean Louis Rodolphe Agassiz (1807–1873), vom Studium der Eiszeittheorie abzuraten. Dieser folgt den Empfehlungen seines berühmten Kollegen glücklicherweise nicht, er ist fasziniert von den Gletschern und setzt sich als Erster mit deren Struktur auseinander. Mit seinen Arbeiten legt er den Grundstein für die Klimaforschung.

Die Entwicklung von Messinstrumenten, wie sie Humboldt und seine Nachfahren nun verwenden können, geht auf Horace Bénédict de Saussure (1740–1799) zurück, der durch sein Werk *Voyages dans les Alpes* oft als Begründer der Alpenforschung bezeichnet wird. Im Jahr 1760 setzte er Geld für die Erkundung einer Aufstiegsroute auf den Mont Blanc aus. Damals war er gerade 20 Jahre alt, frisch promoviert, schon zwei Jahre später sollte er eine Professur für Philosophie an der Akademie in Genf antreten. Die Erstbesteigung glückte im Jahr 1786, das Ereignis markiert die Phase des beginnenden Alpinismus, die auf die Eroberung der großen Alpengipfel abzielt. Im darauffolgenden Jahr führt Saussure eine wissenschaftliche Expedition zum Gipfel, die aus ihm, einem Diener und 18 Führern besteht. Saussures barometrische Messungen am Gipfel ergeben, dass der Mont Blanc der höchste Berg der Alpen ist.

Von der Entwicklung tragbarer Messinstrumente profitieren auch die Brüder Hermann und Adolph Schlagintweit, die 1850 ihr Werk *Untersuchungen über die physikalische Geographie der Alpen* veröffentlichen, das sie Alexander von Humboldt widmen. Sie haben dazu in den Jahren 1846 bis 1848 vorwiegend die Ostalpen besucht. Nach Messungen in den Ötztaler Alpen und an der Pasterze schildern die Brüder die physikalischen Eigenschaften, Farbe und Blaubänderung des Eises, das interne Abflusssystem, den Übergang von Firn zu Eis, die Topographie und Verbreitung der Gletscher, Fließgeschwindigkeiten, Massenänderungen und die sogenannten *Oscillationen*, also Vorstöße und Rückgänge[8]. Damit kommen die Gebrüder Schlagintweit den späteren Lehrbüchern der Gletscherkunde schon recht nahe, die in den nächsten 50 Jahren vor allem die Anzahl der Theorien zum Fließen der Gletscher ausweiten sollten, von denen die Gebrüder Schlagintweit schon vier präsentieren. Der Streit der Gelehrten, ob sich die Gletscher durch Gleiten am Untergrund, Infiltration von Wasser und dessen Wiedergefrieren oder plastisch verformen, wird erst durch die Durchbohrung des Hintereisferners in den Ötztaler Alpen zu Beginn des 20. Jahrhunderts gelöst werden.

## Die Gletscher rücken näher an die Städte

In der zweiten Hälfte des 19. Jahrhunderts führten verschiedene Faktoren zu einer rasanten Entwicklung der Gletscherforschung. Die mit der Erstbesteigung des Mont Blancs eingeleitete Eroberung der Alpengipfel ist mehr oder weniger abgeschlossen, die Berge als Reiseziel werden Allgemeingut und rücken den Städten näher: Durch den Bau der Eisenbahnlinien kommen Alpenreisen in Mode. 1851 wird die Errichtung der Strecke München–Salzburg–Wien, Rosenheim–Innsbruck und der Anschluss nach Verona über den Brenner per Staatsvertrag zwischen Österreich und Bayern beschlossen. Auch in den Schweizer und Italienischen Alpen werden zwischen 1851/52 und 1880 viele Strecken eröffnet.

In der Wissenschaft werden einige Institutionen gegründet, die zum einen systematische Messungen ermöglichen, zum anderen die wissenschaftliche Diskussion beleben. In Österreich wird 1847 die Österreichische (Kaiserliche) Akademie der Wissenschaften, 1849 die Geologische Bundesanstalt (K.K. Geologische Reichsanstalt), 1851 die Zentralanstalt für Meteorologie und Geophysik und 1894 der Hydrographische Dienst gegründet. Die Schweizer Akademie der Naturwissenschaften wurde bereits 1815 als Schweizerische Naturforschende Gesellschaft gegründet, sie spielt eine wichtige Rolle in der Diskussion der Eiszeittheorie. Die Meinung, die Gletscher seien früher einmal größer gewesen, scheint sich aus dem Bergvolk in die Diskussion der Gelehrtengesellschaft geschlichen zu haben. Das ist

spannend, weil in der Entwicklung der Wissenschaft lange Zeit eine strikte Trennung zwischen Alltagswissen oder praktischem Wissen und der Wissenschaft der Gelehrten herrschte.
Als besonders wichtig für die Gletscherforschung erweist sich die Gründung des Deutschen und Österreichischen Alpenvereins. Während sich der Schweizer Alpenclub schon 1863 im Bahnhofsbuffet Olten konstituiert und nachfolgend die Berghütten in der Schweiz weitgehend selbst betreibt, wie es dem föderalen Bewusstsein der Schweizer Verfassung entspricht, geht man in der zentralistisch organisierten Donaumonarchie andere Wege. Die Gründungsversammlung des OeAV findet 1862 nicht zufällig im Grünen Saal der Österreichischen Akademie der Wissenschaften statt: Vereinszweck[9] ist *„die Kenntnis von den Alpen zu verbreiten, die Liebe zu ihnen fördern und ihre Bereisung"* zu erleichtern – und zwar durch Publikationen von Bildern, Panoramen und Karten sowie durch Vorträge. Unter den Gründungsmitgliedern befinden sich einige später berühmte bergbegeisterte junge Naturwissenschaftler, wie Paul Grohmann, Edmund von Mojsisovics oder Guido Freiherr von Sommaruga sowie Friedrich Simony und Anton von Ruthner. Letztere sind besonders in der Erforschung der Gletscher engagiert.

## Friedrich Simony: Ein Pionier der alpinen Wissenschaft

Friedrich Simony, der erste Ordinarius für physische Geographie in Österreich, ist ein Pionier der Erforschung der Landschaft, insbesondere der glazialen Prozesse[10]. Nebenbei erfindet er das Bild als Mittel der wissenschaftlichen Diskussion. Seine großformatige Darstellung der *„Gletscherphänomene"* wird 1862 Teil der Weltausstellung und begründet die heute übliche Form der graphischen Vermittlung geographischer Lehrinhalte. Die erst aquarellierten und später fotografischen Wiederholungsaufnahmen des Hallstätter Gletschers (früher: Karls-Eisfeld) am Hohen Dachstein begründen die modernen Methoden der Fernerkundung (heute vom Flugzeug oder Satelliten aus) zur Messung der Volumen- und Flächenänderungen der Gletscher. Zudem weist Simony durch seine akribische Dokumentation den Zusammenhang zwischen der Bewegung der Gletscher und den Ablagerungen (Moränen) und Gletscherschliffen nach – was wiederum die Basis für die Kartierung des eiszeitlichen Hochstandes der Alpengletscher durch Penck und Brückner[11] darstellt.

## Die erste Erschließungswelle: Früher Tourismus

Nach der Gründung des Deutschen Alpenvereins 1869 in München schließen sich die Vereine 1873 zum DuOeAV zusammen – und bauen zusammen Hütten vor allem im Ostalpenraum, widmen aber auch beträchtliche Mittel der Erforschung der Gletscher. Einige der Hütten werden (auch) zu Forschungszwecken errichtet, wie etwa das Brandenburger Haus an Gepatsch- und Kesselwandferner in den Ötztaler Alpen.
Gefördert werden Expeditionen, aber auch Veröffentlichungen. Das Werk *Die Alpen im Eiszeitalter* von Albrecht Penck und Eduard Brückner, das den Durchbruch unseres heutigen Verständnisses eines veränderlichen Klimas darstellt, wird als Siegerprojekt eines Wettbewerbes durch den Alpenverein gefördert. So konnten die Kartierungsarbeiten durchgeführt werden, die zweifelsfrei belegten, dass die Alpengletscher während der Eiszeit deutlich größer waren als heute – und somit ein kühleres Klima geherrscht haben muss, wie schon Agassiz zwar postuliert hatte, aber mangels Messdaten nicht zweifelsfrei beweisen konnte.
Die Alpenvereine investieren auch in die Erstellung von für das Bergsteigen geeignetem Kartenmaterial[12]. Die Darstellung des Geländes und damit auch der Gletscher ist in diesen Karten wesentlich besser als in den Landeskarten, die seit dem frühen 19. Jahrhundert von den Regierungen auch aus militärischen Erwägungen und unter dem Eindruck der Napoleonischen Feldzüge produziert werden. Neben den Gebietskarten finanzieren die Alpenvereine auch Detailaufnahmen einzelner Gletscher oder Gletscherzungen.
Dem Alpenverein ist folgerichtig auch das Lehrbuch für Gletscherkunde von Hans Heß aus dem Jahr 1904 gewidmet. Fast alle der neueren Untersuchungen, die in diesem Werk präsentiert werden, wurden vom Alpenverein finanziert und auch von diesem veröffentlicht. Im Jahr 1891 veröffentlicht Eduard Richter seinen Aufruf zur „Gletscheraufsicht", in dem er nach dem Vorbild des Schweizers François-Alphonse Forel nach Mitarbeitern an regelmäßigen Gletschermessungen sucht. Forel veröffentlicht seit 1881 Berichte zu den regelmäßigen Schwankungen der Gletscher, für die ersten zehn Jahre umfassen seine Messdaten die gesamten Alpen. Diese Messreihen gehören mittlerweile zu den längsten und verlässlichsten weltweit. Auch wenn das anfängliche Ziel, die Periodizität der Oszillationen der Gletscher herauszufinden, verworfen werden musste, kann man diese Anstren-

**Stubaier Alpen:** Ruderhofspitze mit Ruderhof- und Sulzenauferner, 2008

**Berner Alpen:** Lötschental mit Breithorn und Dischliggletscher, 2019

gung nur als Erfolgsgeschichte sehen – und es ist überdies eines der längsten Forschungsprojekte, die mit Bürgerbeteiligung durchgeführt wurden.
Seit dem Aufruf Eduard Richters werden vom Alpenverein regelmäßige Messungen der Längenänderung durchgeführt, vor dem Ende des Ersten Weltkrieges auch im heute zu Italien gehörenden Teil der Habsburgermonarchie. Warum hat Richter nicht einfach selbst alle Gletscher gemessen? Die Erfassung von Zeitreihen zu beginnen, deren Länge die eigene Lebenszeit überschreiten soll, erfordert ein Denken über die Generationen und jedenfalls über die eigene Suppenschüssel hinaus:

> *„Die Mittel und die Zeit des Einzelnen sind beschränkt, — wer kann wissen, wie lange es ihm gegönnt ist, thätig zu sein? Eine solche Arbeit, deren Werth in dem Verhältniss wächst, als sie länger und gleichmässiger fortgesetzt wird, liegt am besten in den Händen einer Korporation, der, wie zu hoffen steht, ein längeres und ungestörteres Wirken vergönnt ist, als dem Einzelnen.“*[13]

Richters Messnetz umfasste bereits etwa 20 Alpengletscher, heute werden etwa 100 Gletscher von 20 ehrenamtlichen Beobachterinnen und Beobachtern des Österreichischen Alpenvereins jährlich nachgemessen. Auch in Italien sind ehrenamtliche Gletschermesser des CAI und des Comitato Glaciologico im Einsatz, in der Schweiz wurden die Längenmessungen dagegen relativ rasch professionalisiert.
Eines der bemerkenswertesten Vorhaben, das vom Alpenverein gefördert wird, ist die Durchbohrung des Hintereisferners in den Ötztaler Alpen, die zwischen 1892 und 1922 durchgeführt wird – nach heutigen Maßstäben, wo Forschungsprojekte nur mehr drei Jahre dauern dürfen, ein echtes Langzeitprojekt, für das man keine Förderung erhalten würde. Mit Hilfe eines mechanischen Bohrers wird die Zunge des Hintereisferners, erst händisch, später motorisiert, im Zuge mehrwöchiger Zeltlager am Gletscher durchbohrt. An den Bohrlöchern werden nicht nur waagrechte und senkrechte Anteile der Bewegung, sondern auch erstmals Schmelzraten gemessen.
Dies ermöglicht Sebastian Finsterwalder die Formulierung eines Fließgesetzes und somit die Berechnung der Gletscherdynamik. Ohne Berücksichtigung der Dynamik wäre ja die Ausdehnung der Gletscher, die sich aus dem Massenumsatz und der Fließgeschwindigkeit ergibt, nicht berechenbar. Somit konnte die im Handbuch der Gletscherkunde von Albert Heim (1885) auf etwa 20 Theorien zur Fließbewegung des Eises angewachsene Sammlung nicht beweisbarer Theorien auf eine beweisbare Theorie reduziert werden. Dies zeigt die Wichtigkeit von Geländebefunden in den Geowissenschaften. Nur durch Messwerte kann entschieden werden, welche Theorie die Natur beschreibt und – besonders wichtig im Zusammenhang mit dem Klimawandel – unter welchen Bedingungen welche Theorie gültig ist.
Ein weiteres wichtiges Thema der Glaziologie ist der Vergleich der Vergletscherung verschiedener Gebirgsgruppen der Erde und damit zusammenhängend eine Einteilung der klimatischen Gegebenheiten. Basierend auf der antiken Idee des Parmenides, der schon eine kalte Klimazone mit Schnee und Eis postulierte, erweiterten Forscher wie Alexander von Humboldt die Idee der Klimazonen um Höhenzonen. Die Alpen spielen bei der vergleichenden Gebirgsforschung oft die Funktion des Eichgerätes: Humboldt, die Gebrüder Schlagintweit und ihre Nachfolger begannen ihre Forschungsreisen um die Welt in den Alpen. Die Idee der klimatischen Schneegrenze, etwa von Eduard Richter in seinem Buch zu den Gletschern der Ostalpen[14] eingeführt, wird auch heute noch verwendet, vor allem um die Auswirkung früherer Klimaänderungen auf die Gletschergröße zu berechnen.

## Wissenschaft und Technik durchdringen die Welt

Werfen wir kurz einen Blick auf den Stand der Naturwissenschaften zu Beginn des 20. Jahrhunderts: Albert Einstein postuliert seine Relativitätstheorie im Jahr 1905, die Heisenberg'sche Unschärferelation wird aber erst 1927 formuliert. Für die Klimawissenschaften sind diese Entwicklungen wichtig, da erst durch die Akzeptanz der Unschärfe in der Quantenmechanik – dass der Aufenthaltsort eines Teilchens nicht gleichzeitig mit dessen Geschwindigkeit gemessen werden kann – und die dafür verwendeten Wahrscheinlichkeitsformulierungen auch die Messunsicherheit des Zustands der Atmosphäre besser mathematisch behandelt werden kann.
In den Geowissenschaften werden die letzten weißen Flecken auf der Landkarte erforscht, 1911 erreicht Amundsen mit seinem Team den Südpol, zwischen 1908 (Peary) und 1909 (Cook) wird auch der Nordpol erobert. Große Expeditionen ins grönländische Inlandseis starten. Alfred Wegener formuliert um 1920 seine Theorie der Plattentektonik. Heinrich von Ficker erklärt um 1906 in seiner Innsbrucker

Ötztaler Alpen: Kesselwandferner, 2006

Zeit den Föhn. Viktor Hess entdeckt 1912 die kosmische Strahlung und wird dafür 1936 mit dem Nobelpreis für Physik ausgezeichnet.

Die Gletscherforscher sehen sich als interdisziplinäre Gemeinschaft, es ist klar, dass Geologen, Geographen, Mathematiker und Physiker zusammen an den Problemen der Gletscherforschung arbeiten müssen. Dazu wurden Gletscherkonferenzen (1899 am Rhonegletscher, 1901 in Vent) und Gletscherkurse (1913 und 1925 auf der Berliner Hütte) organisiert. Die beiden Weltkriege treffen jedoch auch die Wissenschaft. Ab den 1920er Jahren werden jüdische Mitbürgerinnen und Mitbürger immer stärker aus der Wissenschafts- wie Bergsteigergemeinde ausgeschlossen, diskriminiert und verfolgt, zudem werden viele Forscher zum Militär einberufen. Die regelmäßigen Messungen der Gletscher können zwar weitgehend aufrechterhalten werden, aber die regen Diskussionen und Veröffentlichungen in der Glaziologie kommen zum Erliegen.

In der alpinen Geschichtswissenschaft gibt es auch die Sichtweise, dass die beiden Weltkriege durch die gezielte Ausbildung der Soldaten, die Professionalisierung der Vermittlung alpinistischer Fähigkeiten (etwa in Skischulen) und die Weiterentwicklung der Technik den Bergsport letztendlich gefördert hätten. Andererseits kam über lange Jahre der zivile Bergsport durch den Krieg und die Kriegsfolgen weithin zum Erliegen. Nun, man wird nie wissen, wie diese Welt und der Alpinismus ohne Weltkriege ausgesehen hätten, die Betroffenen wären wahrscheinlich lieber etwas schlechter Ski gefahren, als in Schützengräben zu liegen.

Es gab in der Geschichte des Bergsteigens immer wieder Versuche verschiedener Gruppen, die Berge für sich zu vereinnahmen. Im Nationalsozialismus etwa werden der „Kampf ums Matterhorn“ oder die Versuche an den Achttausendern als Demonstration der vermeintlichen arischen Überlegenheit stilisiert. Auch in den totalitären Systemen des realen Sozialismus, wie etwa der UdSSR, werden Gipfel politisch motiviert umbenannt, wie etwa der Pik Lenin (ursprünglich Pik Kaufmann) oder der Pik Kommunismus (von 1932 bis 1962 Pik Stalin, seit 1989 Pik Ismoil Somoni) und deren Bezwinger ausgezeichnet.

## Wasser: Das neue Gold der Alpen

Die Gletscher bekommen gegen Mitte des 20. Jahrhunderts eine neue wirtschaftliche Bedeutung: Im Zuge der Industrialisierung benötigt man vor allem Energie, damit wird das Wasser der Gletscher zum Ziel der menschlichen Begehrlichkeit. Ab 1929 und verstärkt in der Nachkriegszeit wird im Alpenraum an großen Speicherkraftwerken gearbeitet, die das Schmelzwasser der Gletscher zur Energiegewinnung nutzen – während des Zweiten Weltkrieges teils unter Einsatz von Zwangsarbeitern, Kriegsgefangenen und KZ-Häftlingen[15]. In den österreichischen Alpen werden Kraftwerke am Tauernmoossee/Ödenwinkelkees (1929[16]), Weißsee/Stubacher Sonnblickkees (1936), Silvretta-Stausee/Vermunt- und Ochsentalergletscher (1938), Mooserboden/Karlingerkees (1947), Margeritzenspeicher/Pasterze (1953) Gepatschspeicher Gepatschferner (1961), Schlegeis/Schleggeiskees (1965) und Kölnbreinsperre (1971) gebaut. In der Schweiz werden Stauseen bei Samedan, der Albigna-Stausee, der Göscheneralpsee, der Grimselsee und das Werk Ägina/Griesgletscher (1963)[17] errichtet.

Das Thema Schmelzwasser wird zum bestimmenden Faktor der Gletscherforschung der Nachkriegszeit, das Thema Klima rückt in den Hintergrund. Die Variabilität des Gletscherabflusses muss für die bestmögliche Wasserkraftnutzung berechnet werden können. Es trifft sich gut, dass gerade neue Messgeräte zur Messung der Strahlungsbilanz erfunden wurden[18] und so sehr gute Rechenmodelle entwickelt werden können. Im Jahr 1946 wird am Storglaciären in Schweden das erste Mal die Massenbilanz eines Gletschers gemessen, 1952/53 startet Herfried Hoinkes, Professor an der Universität Innsbruck, die Messreihen an Hintereisferner und Kesselwandferner in den Ötztaler Alpen. Dabei werden nicht nur systematisch Pegel im Zehrgebiet eines Gletschers gebohrt, um die Schmelze zu erfassen, sondern auch der Wassergehalt der Schneerücklagen in den Firngebieten in Schneeschächten untersucht. Diese Methode entwickelte sich zur Standardmethode, um die Wasserabflüsse, aber auch den Zusammenhang zwischen Gletscher und Klima zu untersuchen.

Nach den Gletschervorstößen der 1920er Jahre gibt es in den 1940ern einige extrem warme Jahre. Insbesondere der Sommer 1947 wird bis zum Jahr 2003 der wärmste Sommer in vielen Aufzeichnungen bleiben. In diesem Jahr kommt es auch zu starker Eisschmelze – die aber noch nicht durch Massenbilanzmessungen erfasst wird.

In den 1960ern und 1970ern wird die Methode der seismischen Eisdickenmessungen weiterentwickelt, erste Anstrengungen zur Erfassung der weltweiten Gletscherflächen werden nun unternommen. Um 1970 nimmt die Idee eines weltweiten Inventars der Gletscher langsam Gestalt an[19], bleibt aber sogar in den Alpenländern lange unvollständig. Obwohl der erste Artikel einer Glaziologin schon 1948 im Journal of Glaciology veröffentlicht wird, dauert es bis zur Jahrtausendwende, bis der Anteil der von Frauen verfassten Artikel wirklich sichtbar wird[20]. Almut Iken ist 2011 die erste und bislang einzige Frau, die mit dem Seligman Crystal der Internationalen Glaziologischen Gesellschaft ausgezeichnet wird. Ihre Arbeiten zur subglazialen Hydrologie und deren Einfluss auf das Fließverhalten beginnt sie, wie schon Humboldt, in den Alpen und überträgt die Ergebnisse an die großen Gletscher der Polargebiete.

## Die zweite Erschließungswelle: Tourismusindustrie

Nach der Errichtung der Hütten und Wege und dem Bau der Speicherseen startet in den späten 1960er Jahren eine weitere Erschließungswelle, als der Skitourismus ins Rollen kommt. Die Pistenpräparierung wird erfunden und der Konjunkturmotor brummt, für viele Menschen gibt es mehr Freizeit, Geld und Mobilität. Zwischen 1956 und 1974 setzt sich in den verschiedenen Branchen die Fünftagewoche durch, was den Bewegungsradius am Wochenende beträchtlich erweitert. Zwar werden die ersten Bergbahnen schon Anfang des 20. Jahrhunderts errichtet (1912 die Jungfraujoch-Zahnradbahn, 1924 die erste Sektion auf die Aiguille du Midi, 1926 die Zugspitzbahn), aber erst mit dem aufkommenden Wintertourismus kommt die Seilbahnwirtschaft so richtig in Fahrt. 1965 wird die Seilbahn aufs Kitzsteinhorn eröffnet, 1968 folgt der Lift zum Tuxerfernerhaus im Zillertal, 1969 die Seilbahn auf den Hunerkogel am Dachstein, 1973 die Stubaier Gletscherbahn, 1975 die Erschließung von Rettenbach- und Tiefenbachferner durch die Bergbahnen Sölden und des Hochjochferners durch die Bergbahnen in Schnals. Die Errichtung der Seilbahnen ist meist mit der Errichtung von Straßen vom letzten Dorf zum Talschluss verbunden, sofern nicht die Straßen von Kraftwerksbauten genutzt werden. Anfänglich werden die Gletscherskigebiete zum Sommerskilauf genutzt, einige bleiben im Hochwinter geschlossen – um diese Jahreszeit bleibt man vorerst noch in tiefer gelegenen Skigebieten.

Ortler-Alpen: Caresersee, 2014

## Widerstand und Umweltschutz

Schon Ende der 1970er Jahre regt sich Widerstand gegen weitere Seilbahnprojekte. Etwa wird der Erschließung des Jamtalferners in der Silvretta durch den Rütlischwur der Galtürer im Jahr 1976 eine Absage erteilt. Auch andere Projekte, Gletscher als Skigebiete zu nutzen, werden aufgrund von Widerständen der Bevölkerung und/oder der Alpinen Vereine und der neuen Umweltbewegung nicht umgesetzt, etwa an der Pasterze oder im Osttiroler Dorfertal.

1972 veröffentlicht der Club of Rome seinen Bericht *Die Grenzen des Wachstums*. Die öffentliche Aufmerksamkeit einer aufkeimenden globalen Umweltbewegung konzentriert sich aber vorerst auf das um 1980 verstärkt auftretende Waldsterben, auf Umweltgifte aus neuen Wohlstandsprodukten wie Spraydosen, Kühlschränken und Deponien. Die Sorge gilt Zwischenfällen in der Atomindustrie, wie in Tschernobyl 1986, oder Chemieunfällen wie in Seveso 1976. Die Emissionen aus allen diesen Ereignissen sind übrigens in den Firnschichten der Alpengletscher nach wie vor gespeichert, ebenso das Tritium aus den Atombombentests der 1960er Jahre. Zusammen mit der steigenden Produktion von Kunststoffen und dem sprunghaft angestiegenen Absatz von Pkws steigen in den 1970er Jahren der Erdölverbrauch und damit die Emission von $CO_2$. Bis auf Weiteres aber gilt die Aufmerksamkeit in den Industrieländern zum einen der politischen Situation in Nahost, die zur Ölkrise der 1970er führt, und dem „nahenden Ende" der Erdölvorräte.

## Die digitale Revolution und letzte Gletschervorstöße

In den 1970er Jahren kündigt sich auch die digitale Revolution langsam an. Erste numerische Modelle des globalen Klimas, der Wettervorhersage, aber auch hydrologische Modelle, Hochwasserprognosen und Modelle des Gletscherfließens werden an für heutige Verhältnisse unglaublich langsamen Computern gerechnet. Rechner mit der Leistung einer heutigen Uhr füllen einen ganzen Raum, das Programm wird über Lochkarten eingegeben. Diese Rechner ersetzen Räume voller Menschen, die dort mit Rechengeräten arbeiteten, wie es in den damaligen Großprojekten üblich war. Nach wie vor weiß man zu diesem Zeitpunkt allerdings wenig bis nichts von den meisten Gletschern, über Eisdicken und die Prozesse im Inneren und an der Unterseite des Gletschers.

Im Zuge des Internationalen Geophysikalischen Jahres 1957/58 wurde auf dem Mauna Loa in Hawaii eine Messstation für atmosphärisches $CO_2$ eingerichtet. Ab den späten 1980ern war die Messreihe lang genug, dass der durch die Verbrennung fossiler Energieträger bewirkte Anstieg des $CO_2$-Gehalts in der Atmosphäre unter Wissenschaftlern allgemein akzeptiert wurde – und damit der anthropogene Anteil am Klimawandel. Die Gründung des Weltklimarates IPCC erfolgte im Jahr 1988.

Im gleichen Zeitraum gerät die Welt der Glaziologie aus einem ganz anderen Grund in Bewegung: Die Sommer der 1980er sind kühl und auf den Bergen schneereich: Die Gletscher der Alpen stoßen vor. Dies bewirkt eine öffentliche Diskussion, ob nun eine neue Eiszeit bevorstünde[21].

Die Klimaparameter werden im Alpenraum schon früh, seit 1760[22], gemessen, und der allgemeine Anstieg der Temperatur seit der Kleinen Eiszeit ist klar – nicht aber dessen Interpretation. In den 1990ern ist es schon wärmer als in den 1980ern, aber die Mittelwerte der Sommerhalbjahre liegen noch unter den in den extrem warmen 1940er Jahren gemessenen Werten. Für den Rückgang der Temperaturen zwischen den 1940er und 1990er Jahren wird heute die Emission von Ruß aus industrieller Produktion verantwortlich gemacht, das sogenannte Global Dimming[23]. Erst mit dem Rekordsommer 2003, in dem eine stationäre Hochdrucklage zu extrem hohen Temperaturen und zu einer Rekordschmelze auf den Alpengletschern führt, werden die Werte von 1947 übertroffen.

Damalige Diskussionen unter den Gletscherforschern zeigen zwei Pole. Während ein Teil die natürliche Variabilität für die Schmelze verantwortlich macht, die sich auch in historischen Dokumenten und in den extremen Messwerten der Jahre 1964 (extreme Schmelze) und 1965 (extremer Massengewinn) zeigt, betrachtet der andere Teil das Jahr 2003 als Beginn eines extremen Gletscherrückgangs, bedingt durch die globale Erwärmung. Die zu diesem Zeitpunkt sehr engagiert, um nicht zu sagen erbittert ausgefochtene Diskussion ist im Jahr 2003 aufgrund der Faktenlage nicht wirklich entscheidbar – Argument steht gegen Argument, Modell gegen Modell und $CO_2$-Daten gegen historische Gletscheraufzeichnungen: Wie zu Beginn der Gletscherforschung ist man auf weitere Daten angewiesen, um die Lage zu klären. Generell steht die Klimaforschung oft vor dem Problem, einzelne Extremereignisse richtig einzuordnen: Das Klima ergibt sich aus einem mittleren Wert für mindestens 30 Jahre und der dazugehörigen Verteilung

Ötztaler Alpen: Mittelbergferner und Wildspitze, 2012

Wettersteingebirge: Schneeferner, 2019

rund um diesen Mittelwert, inklusive der extremen Werte, die ebenso zum Zustand gehören wie der Mittelwert.[24]
Die Diskussion war also lohnend, und wie so oft in der Geschichte der Naturwissenschaft, ergab sich die Lösung durch den weiteren Verlauf der Dinge: Dem Extremsommer 2003 folgen weitere Extremsommer, die gemessenen Lufttemperaturen klettern schon zum Ende der ersten Dekade des neuen Jahrtausends definitiv über das Niveau der 1940er Jahre und die Gletscher änderten ihr Aussehen: Die Firngebiete der Alpengletscher, die diesen ihren Namen (Ferner) gaben, verschwinden. Die Schmelzsaisonen werden immer länger, die Oberflächen dunkel und schuttbedeckt. Das in der ersten Dekade des zweiten Jahrtausends diskutierte Ende der Alpengletscher ist durch die Messwerte der zweiten Dekade unter derzeitigen Bedingungen bereits greifbar nahe, das heißt relativ sicher berechenbar.
Insbesondere in den Ostalpen gibt es kaum noch Teilflächen an Gletschern, an denen sich noch neues Eis bildet. Das ist aber eine Bedingung, wenn Gletscher dauerhaft existieren sollen. Sollte sich in den nächsten Jahrzehnten keine Abkühlung ereignen, ist sehr wahrscheinlich, dass die Alpengletscher weiter zurückgehen. Schon 2050 wird voraussichtlich nur mehr etwa die Hälfte des Eises vorhanden sein[25], für 2100 ist bei mittlerer Erwärmung noch ein Drittel des Eises übrig, bei stärkerer Erwärmung sind die Alpengletscher schon zu Ende dieses Jahrhunderts Geschichte.
Die Unsicherheit dieser Zukunftsprognosen ergibt sich nicht nur aus der Bandbreite der künftigen Gestaltung der Treibhausgas-Emissionen, sondern auch aus den neuen Prozessen, die aus der raschen Erwärmung resultieren. Diese konnten noch nie beobachtet werden. Dies betrifft zum einen die Gletscher selbst, bei denen Rückkopplungsprozesse den Abschmelzprozess beschleunigen (etwa die dunklere Oberfläche, die zu rascherer Schmelze führt), aber auch verlangsamen können (starke Schuttbedeckung konserviert das Eis). Zum anderen treten wir in eine Phase ein, in der das Klimasystem selbst Änderungen durchlaufen könnte, die wir zum derzeitigen Zeitpunkt noch nicht kennen. Dann kann natürlich auch jederzeit ein unvorhergesehenes Ereignis eintreten, etwa ein Vulkanausbruch oder die Senkung der Wirtschaftsleistungen und damit der Emissionen beispielsweise durch den Ausbruch einer Krankheit oder eines Kriegs. An allen dieser Fragen wird kräftig geforscht.

## Alpengletscher Ade – Zukunft Alpen?

Fest steht: Die Alpen zählen zu den momentan am stärksten vom Temperaturanstieg und der Gletscherschmelze betroffenen Gebirgen – und zu den am besten erforschten. Die Gletscher der Alpen sind es, an denen die meisten beim World Glacier Monitoring Service gespeicherten Daten erhoben wurden. Von 74 Massenbilanzreihen wurden 18 in Italien, acht in Frankreich, 27 in der Schweiz, 20 in Österreich und eine in Deutschland gemessen. An diesen Gletschern wird man den weiteren Verlauf des Klimawandels verfolgen können. Hier wird zum einen an der Entwicklung neuer Methoden zur Erfassung der Entgletscherung gearbeitet, für die die Gletscherforschung noch kein Werkzeug bereithält – bisherige Methoden wurden an sich kaum ändernden Gletschern entwickelt. Zum anderen untersucht man verstärkt die Klimavergangenheit, insbesondere frühere Warmphasen. Die Kenntnis der damals ablaufenden Prozesse kann uns dabei helfen, die jetzt anstehenden Änderungen besser abzuschätzen. Momentan wissen wir, dass die Gletscher der Ostalpen seit mindestens etwa 5000 Jahren und die der Westalpen seit mindestens etwa 10.000 Jahren existiert haben[26]. Die rasche Folge von kühlen und wärmeren Perioden des frühen Holozäns sowie das holozäne Optimum vor der Neubildung der Alpengletscher sind noch weit weniger gut untersucht. Für unser künftiges Leben im Alpenraum sind aber genau diese Zeiträume und die Reaktion der Umwelt auf die damals stattgefundenen raschen Änderungen von großem Interesse. Wir wollen schließlich auch in Zukunft im Alpenraum leben und die Berge genießen!
Es bleiben also einerseits die Alpen als *„kulturell konstruierte Sehnsuchtslandschaft“*[27], als Ort der Naturbegegnung der erholungssuchenden städtischen Bevölkerung, andererseits die Alpen als Lebens- und Wirtschaftsraum der indigenen Bevölkerung. Spannend sind unterschiedliche Nutzungsinteressen vor dem Hintergrund der zukünftigen Entwicklung des Alpenraumes, die der Alpenforscher Bätzing als zwischen *„Freizeitpark und Wildnisgebiet“* liegend darstellt[28]. Die Rolle des Naturraums in dieser Vision ist relativ klar, aber welche Rolle weisen wir der Bevölkerung der Alpentäler dabei zu? Die politische Dimension der Frage ist schnell beantwortet: Nach Bätzing[29] leben nur ein Prozent der Menschen in den Alpen über 1500 Meter, und nur sieben Prozent über 1000 Meter. Die Bewohnerinnen und Bewohner der Talschlüsse haben demnach keinen maßgeblichen Anteil an den Wählerstimmen. Wenn es nach der Mehrheit geht, wer-

den die Interessen der indigenen Alpenbewohner also nicht gehört, und die Menschen in den Städten können nach dieser Logik getrost verlangen, die Bergwelt nach ihren Vorstellungen zu gestalten. Bei aller Unterschiedlichkeit der Interessen und Sichtweisen ist jedoch eines klar: Die Berge gehören uns allen – nicht. Sie gehören sich selbst. Wir können uns alle an ihnen freuen, ihre Gletscher staunend betrachten, aber festhalten oder für uns behalten können wir sie nicht. AF

*Beklage dich nicht, wenn etwas genommen wird, das dir gegeben war, das du aber nicht notwendigerweise besaßest. Und vergiss nicht, um genommen zu werden, musste es erst gegeben werden. Wenn du zu besitzen glaubtest, wenn du vergessen hast, dass es gegeben war, dann ist es eben schlimm für dich.*

*Hannah Arendt in einem Brief an Mc Carthy 1972* [30]

## Anmerkungen

1 Humboldt (1845)
2 Patzelt (2016)
3 Suter et al. (2005)
4 Bohleber (2019)
5 Nicolussi (2013)
6 Walcher (1773)
7 Pfister (1999)
8 Man ging damals noch davon aus, dass die Gletscher regelmäßig vorstoßen und wieder zurückgehen, also wie ein Pendel um eine Ausgangslage oszillieren. Die nächsten Generationen der Gletscherforscher sollten damit beschäftigt sein, die Periodenlängen aus Messdaten zu ermitteln – und beim Vorliegen neuer Messergebnisse wieder zu verwerfen. Anfänglich wurden, wie bei Walcher, Periodenlängen konzipiert, die sowohl der Kürze der zur Verfügung stehenden Zeitreihen als auch der christlichen Mystik entsprechen, also etwa sieben Jahre. Die Bildung von Hypothesen, deren kritische Überprüfung und das anschließende Akzeptieren oder Verwerfen der Theorien gehört zum Wesen wissenschaftlichen Fortschrittes – nur so können sich neue Erkenntnisse entwickeln und bewähren!
9 Fischer et al. (2018)
10 Vuković (2019)
11 Penck und Brückner (1909)
12 Arnberger (1970)
13 Finsterwalder et al. (1891)
14 Richter (1888)
15 Dohle und Slupetzky (2004)
16 Die Jahresangaben beziehen sich auf den Baubeginn. Die meisten Anlagen wurden in mehreren Bauphasen erweitert, wobei gerade in den letzten Jahren und Jahrzehnten neue Fassungen und Überleitungen errichtet wurden und auf Pumpspeicherbetrieb umgestellt wurde. Mit der Umstellung auf Pumpspeicher verliert auch die Frage der Wasserspende der Gletscher an Wichtigkeit.
17 Schweizerische Gletscherkommission (1995)
18 Etwa 70 % der Energie für die Gletscherschmelze kommt aus der direkten Sonnenstrahlung, wie man seither weiß. Aus diesem Grund bilden sich Gletschertische unter großen Steinen und verringert sich die Schmelze unterhalb der Vliesabdeckungen in Skigebieten.
19 UNESCO (1970)
20 Ommanney et al. (2010)
21 Kaiser (1971), Kukla et al. (1972)
22 Auer et al. (2007)
23 Wild et al. (2007)
24 Auch in einer Schulklasse kann man eine mittlere Größe berechnen, diese ist auch über alle Klassen derselben Schulstufe ähnlich. In jeder Klasse gibt es aber auch kleinste und größte SchülerInnen, und hier kann es beträchtliche Unterschiede geben. Bei Kenntnis des Mittelwertes kann man also nicht unbedingt entscheiden, ob ein/e einzelne Schüler/in dieser oder jenen Klasse angehört. So ist das auch bei einzelnen extremem Wetterereignissen, sie können deutlich vom klimatischen Mittelwert abweichen, und es ist ohne Vorliegen weiterer Werte nicht entscheidbar, ob es etwa ein 300-jähriges Ereignis in einem Klimazustand ist oder ein 5-jähriges Ereignis in einem anderen Klimazustand.
25 Zekollari et al. (2019)
26 Bohleber (2019)
27 Luger und Rest (2002)
28 Bätzing (2015)
29 Bätzing (2002)
30 Prinz (2012)

# Gletscher erleben: Wanderungen zu besonderen Plätzen und Aussichtspunkten

## HOHE TAUERN

### Gletscherweg Innergschlöß

Landschaftlich großartige Rundtour mit weitläufigen Gletscherschliffplatten, romantischen alten Almen und einem immer noch sehr eindrucksvollen Gletscher, dem Schlatenkees.
Ausgangspunkt: Parkplatz Matreier Tauernhaus (1511 m) unweit des Südportals des Felbertauerntunnels.
Schwierigkeit: mittelschwere Wanderung.
Gehzeit/Höhendifferenz: insgesamt 6 Stunden, ca. 800 Höhenmeter im Aufstieg.

### Gletscherweg zur Pasterze

Ein immer länger werdender Abstieg führt vor der eindrucksvollen Kulisse des Großglockners hinunter zum stark zurückgegangenen Eisstrom der Pasterze. Zahlreiche Infotafeln veranschaulichen die Veränderungen der letzten Jahrzehnte.
Ausgangspunkt: Parkplatz Kaiser-Franz-Josefs-Höhe (2369 m) an der Großglockner-Hochalpenstraße.
Schwierigkeit: leichte Wanderung.
Gehzeit/Höhendifferenz: insgesamt 2 Stunden, ca. 250 Höhenmeter im Aufstieg.

## ZILLERTALER ALPEN

### Natureispalast Hintertux

Tief im Innern des Gefrorene-Wand-Keeses erwarten die Besucher auf dem 640 Meter langen Führungsweg einmalige Eispaläste, Eisstrukturen und sogar ein Gletschersee.
Ausgangspunkt: Parkplatz des Gletscherskigebietes Hintertux bzw. Bergstation von „Gletscherbus 3“.
Schwierigkeit: leichte Wanderung.
Dauer der geführten Tour: ca. 70 Minuten.

### Wanderung zur Zittauer Hütte (2328 m)

Die abwechslungsreiche Wanderung zur Zittauer Hütte führt vorbei an großartigen Wasserfällen und den gewaltigen Seitenmoränen des Wildgerloskeeses. Unweit der aussichtsreich gelegenen Hütte wartet mit dem tiefgrünen Wildgerlossee ein weiteres Highlight.
Ausgangspunkt: Parkplatz Alpengasthof Finkau (1422 m) im Wildgerlostal.
Schwierigkeit: mittelschwere Wanderung.
Gehzeit/Höhendifferenz: insgesamt 5 Stunden, ca. 900 Höhenmeter im Aufstieg.

## STUBAIER ALPEN

### Von Gries zum Sulztalferner

Schon von Beginn an ist das Sulztal landschaftlich schön. Ab der Amberger Hütte (2135 m) weitet sich das Panorama und spätestens am Sulztalferner betritt man wirkliches Hochgebirge.
Ausgangspunkt: Parkplatz am Südrand von Gries (1589 m) im Sulztal.
Schwierigkeit: mittelschwere Wanderung.
Gehzeit/Höhendifferenz: insgesamt 7 Stunden, ca. 1100 Höhenmeter im Aufstieg. Mit einer Übernachtung auf der Hütte lassen sich die Tagesgehzeiten enorm verkürzen.

## ÖTZTALER ALPEN

### Gletscherlehrpfad zum Gepatschferner

Tiefrote Gletscherschliffplatten und ein enorm großes Gletschertor machen diese Wanderung zu etwas ganz Besonderem. Aber Vorsicht: Durch den Rückzug des Gletschers erreichte man zuletzt das Gletschertor nur über wegloses Geröll.
Ausgangspunkt: Parkplatz Fernergries der Kaunertaler Gletscherstraße.
Schwierigkeit: mittelschwere Wanderung.
Gehzeit/Höhendifferenz: insgesamt 3 Stunden, ca. 250 Höhenmeter im Aufstieg.

### Wanderung von der Hohen Mut ins Gaisbergtal

Von der Hohen Mut (2670 m) eröffnet sich ein einmalig schönes Panorama mit Blick auf zahlreiche Gletscher. Im Ab-

stieg lohnt sich ein Abstecher zur Zunge des wild herabfließenden Gaisbergferners.
Ausgangspunkt: Bergstation bzw. Parkplatz an der Talstation der Hohe-Mut-Seilbahn in Obergurgl (1907 m) im hintersten Ötztal.
Schwierigkeit: mittelschwere Wanderung.
Gehzeit/Höhendifferenz: insgesamt 4 Stunden, ca. 650 Höhenmeter im Abstieg.

## WETTERSTEINGEBIRGE

### Durchs Höllental auf die Zugspitze (2963 m)

Die wohl längste und größte Bergtour auf deutschem Boden führt zu Beginn durch die wilde Höllentalklamm. Weiter oben warten nicht nur ausgesetzte Klettersteigpassagen, sondern auch eine Überquerung des einzigen ganz und gar deutschen Gletschers, des Höllentalferners. Eine Hüttenübernachtung ist empfehlenswert.
Ausgangspunkt: Parkplatz am Ortseingang von Hammersbach, einem Ortsteil der Gemeinde Grainau im Markt Garmisch-Partenkirchen.
Schwierigkeit: anspruchsvolle Bergtour mit Klettersteigpassagen und Gletscherbegehung.
Gehzeit/Höhendifferenz: insgesamt 7 Stunden, ca. 2200 Höhenmeter im Auf- und Abstieg.

## ORTLERGEBIET

### Wanderung zur Brancahütte und zum Fornigletscher

Schon von der Brancahütte (2487 m) ist der Blick auf den Fornigletscher sehr eindrucksvoll. Trittsichere Geher können sich dem riesigen Gletschertor annähern und die gewaltigen Dimensionen, aber auch die Veränderungen aus nächster Nähe erleben.
Ausgangspunkt: Parkplatz im Talschluss des Valle dei Forni, einem östlichen Seitental des Valfurva in der Provinz Sondrio.
Schwierigkeit: leichte Wanderung.
Gehzeit/Höhendifferenz: insgesamt 4 Stunden, ca. 450 Höhenmeter im Aufstieg.

## BERNINA

### Diavolezza und Piz Trovat (3146 m) bzw. Munt Pers (3207 m)

Schon die Terrasse der Diavolezza bietet ein atemberaubendes Panorama auf den Persgletscher sowie auf Piz Palü und Piz Bernina. Nochmals schöner und vor allem stiller werden die Eindrücke von den beiden Gipfeln aus.
Ausgangspunkt: Bergstation bzw. Parkplatz an der Talstation der Diavolezzabahn, nahe der Ortschaft Pontresina im Berninatal (Graubünden).
Schwierigkeit: anspruchsvolle Bergwanderung.
Gehzeit/Höhendifferenz: insgesamt je 2 Stunden, ca. 200 m bzw. 250 Höhenmeter im Aufstieg.

## GLARNER ALPEN

### Spaziergang zum Rhonegletscher

Obwohl stark zurückgegangen, ist der geschwungene Eisstrom des Rhonegletschers noch immer eindrucksvoll. Zudem hat sich vor seiner Zunge in den letzten Jahren ein wunderschöner Gletschersee gebildet.
Ausgangspunkt: Parkplatz Belvedere knapp westlich des Furkapasses.
Schwierigkeit: leichte Wanderung.
Gehzeit/Höhendifferenz: insgesamt 1 Stunde, ca. 100 Höhenmeter im Aufstieg.

## BERNER ALPEN

### Logenplatz Eggishorn (2926 m)

Dank der Seilbahn erreicht man den Gipfel des Eggishorns in einer angenehmen Wanderung und in sehr kurzer Zeit. Vom Gipfel selbst blickt man über den gesamten Eisstrom des Aletschgletschers bis hinauf zu den Viertausendern Jungfrau und Mönch.
Ausgangspunkt: Bergstation bzw. Parkplatz an der Talstation der Eggishornbahn in Fiesch im Schweizer Kanton Wallis.
Schwierigkeit: leichte Wanderung.
Gehzeit/Höhendifferenz: insgesamt 1 Stunde, ca. 100 Höhenmeter im Aufstieg.

### Urlandschaft pur bei der Schreckhornhütte (2530 m)

Der Aufstieg zur Schreckhornhütte ist anspruchsvoll (teilweise versichert mit Ketten und Leitern) und sehr lang. Die großartige und wilde Szenerie um den Fieschergletscher und das Obere Eismeer entschädigen jedoch für alle Mühen.
Ausgangspunkt: Parkplatz bei der Talstation der Pfingstegg-Seilbahn in Grindelwald.
Schwierigkeit: anspruchsvolle Bergwanderung.
Gehzeit/Höhendifferenz: insgesamt 8 Stunden, ca. 1600 Höhenmeter im Aufstieg.

## WALLISER ALPEN

### Die Wand von Macugnaga und das Rifugio Zamboni Zappa (2070 m)

Schon auf dem Weg zur Hütte überquert man den schuttbedeckten Belvedere-Gletscher. Von der Hütte selbst ist der Blick auf die berühmte, mehr als 2600 Meter hohe Wand von Macugnaga und den wild herabfließenden Mont-Rosa-Gletscher einfach nur eindrucksvoll.
Ausgangspunkt: Bergstation bzw. Parkplatz an der Tatstation des Sessellifts Belvedere im Ortsteil Pecetto von Macugnaga in der piemontesischen Provinz Verbano-Cusio-Ossola.
Schwierigkeit: mittelschwere Wanderung.
Gehzeit/Höhendifferenz: insgesamt 2 Stunden, ca. 200 Höhenmeter im Aufstieg.

### Gornergrat und Abstieg zum Gornergletscher

Ganz gleich wo man auf dieser Rundtour über Riffelsee und auf dem Panoramaweg stehen bleibt: Der Blick auf den Gornergletscher und all die Viertausender um ihn herum ist einmalig in den Alpen.
Ausgangspunkt: Parkplatz in Täsch (Kanton Wallis) bzw. Bergstation der Gornergratbahn (3090 m).
Schwierigkeit: leichte Wanderung.
Gehzeit/Höhendifferenz: insgesamt 3 Stunden, ca. 500 Höhenmeter im Aufstieg.

### Britanniahütte und Gletscherweg Mattmark

Sobald man das Skigebiet verlassen hat, wird es still und spektakulär auf dieser Rundtour über Britanniahütte, Allalingletscher und Mattmark-Stausee. Den Ausblick vom oberhalb der Britanniahütte gelegenen Klein-Allalin sollte man sich auf keinen Fall entgehen lassen.
Ausgangspunkt: Parkplatz am Ortseingang von Saas-Fee bzw. Station Felskinn (2989 m) der Felskinnbahn.
Schwierigkeit: anspruchsvolle Bergwanderung.
Gehzeit/Höhendifferenz: insgesamt 6 Stunden, ca. 250 Höhenmeter im Aufstieg und 1450 Höhenmeter im Abstieg.

## MONT-BLANC-GEBIET

### Montenvers, Mer de Glace und Signal Forbes (2198 m)

Obwohl das Mer de Glace schon enorm an Dicke verloren hat, ist der Blick über den Eisstrom bis hinein zur gewaltigen Nordwand der Grandes Jorasses immer noch ein unvergessliches Erlebnis. Wandert man noch hinauf zum Aussichtspunkt Signal Forbes, öffnet sich der Blick auf den Felszahn der Aiguille du Dru und auf weitere Aiguilles von Chamonix.
Ausgangspunkt: Bergstation bzw. Parkplatz der Zahnradbahn Montenvers in Chamonix.
Schwierigkeit: leichte Wanderung.
Gehzeit/Höhendifferenz: insgesamt 2 Stunden, ca. 300 Höhenmeter im Aufstieg.

### Brevent und Refuge de Bellachat (2152 m)

Einen eindrucksvolleren Blick auf das riesige Massiv des Mont Blanc und seine nach Norden und Westen abfließenden Gletscher als den vom Brevent gibt es nicht. Noch schöner wird das Erlebnis, wenn man im kleinen Refuge de Bellachat übernachtet und die Landschaft im warmen Licht der tiefstehenden Abendsonne erlebt.
Ausgangspunkt: Bergstation bzw. Parkplatz bei der Talstation der Brevent-Seilbahn in Chamonix.
Schwierigkeit: leichte Wanderung.
Gehzeit/Höhendifferenz: insgesamt 4 Stunden, ca. 1500 Höhenmeter im Abstieg.

### Mont Chétif (2343 m)

Die Ostseite des Mont-Blanc-Massivs bietet eine einmalige Konzentration von Superlativen: den Blick auf Peutereygrat und Brenvaflanke, dazu die wild zerrissenen Freney- und Brenvagletscher. All das gipfelt im Panorama des Mont Chétif – mehr geht nicht.
Ausgangspunkt: Parkplatz beim Ristorante Pre de Pascal über dem Val Veny südwestlich von Courmayeur.
Schwierigkeit: anspruchsvolle Bergwanderung.
Gehzeit/Höhendifferenz: insgesamt 4 Stunden, ca. 550 Höhenmeter im Aufstieg.

## Verzeichnis der abgebildeten Gletscher

## Literatur

Der größte Teil der wissenschaftlichen Literatur wird heute nur mehr online in verschiedenen englischsprachigen Fachzeitschriften publiziert. Die in diesem Literaturverzeichnis genannten ausgewählten Arbeiten sind fast alle frei im Internet verfügbar und ermöglichen ein Hineinschnuppern in den Geist der jeweiligen Epoche und in den damaligen Stand der Diskussion. Der aktuelle wissenschaftliche Konsensus zur Klimadiskussion findet sich auf www.ipcc.ch.


Alean, J., 2010. Gletscher der Alpen, Haupt, Bern, 272 S.

Anonymous, 2015. The IPCC news circuit. Nature Climate Change 5, 281. https://www.nature.com/articles/nclimate2603

Arnberger, E., 1970. Die Kartographie im Alpenverein, Wissenschaftliche Alpenvereinshefte, 22, Dt. Alpenverein, Österr. Alpenverein, München, Innsbruck, 253 S.

Auer, I., Böhm R., Jurkovic, A., Lipa, W., Orlik, A., Potzmann, R., Schöner, W., Ungersböck, M., Matulla, C., Briffa, K., Jones, P. D., Efthymiadis, D., Brunetti, M., Nanni, T., Maugeri, M., Mercalli, L., Mestre, O., Moisselin, J.-M., Begert, M., Müller-Westermeier, G., Kveton, V., Bochnicek, O., Stastny, P., Lapin, M., Szalai, S., Szentimrey, T., Cegnar, T., Dolinar, M., Gajic-Capka, M., Zaninovic, K., Majstorovic, Z., und Nieplova, E., 2007. HISTALP – Historical instrumental climatological surface time series of the greater Alpine region 1760–2003. International Journal of Climatology, 27, S. 17–46. https://doi.org/10.1002/joc.1377.

Auer, I., Foelsche, U., Böhm, R. †, Chimani, B., Haimberger, L., Kerschner, H., Koinig, K. A., Nicolussi, K., und Spötl, C., 2014. Vergangene *Klimaänderung* in Österreich. In: Österreichischer Sachstandsbericht. Klimawandel 2014 (AAR14). Austrian Panel on Climate Change (APCC), Verlag der Österreichischen Akademie der Wissenschaften, Wien, Österreich, S. 227–300. https://ccca.ac.at/wissenstransfer/apcc/apcc-aar14/downloads.

Bätzing, W., 2002. Der Stellenwert des Tourismus und seine Bedeutung für eine nachhaltige Entwicklung des Alpenraumes. In: Luger, K. und Rest, F. (Hrsg.): Der Alpentourismus. Entwicklungspotenziale im Spannungsfeld von Kultur, Ökonomie und Ökologie, Studienverlag, Innsbruck, 534 S.

Bätzing, W., 2015. Zwischen Wildnis und Freizeitpark: Eine Streitschrift zur Zukunft der Alpen, Rotpunktverlag, Zürich, 145 S.

Bohleber, P., 2019. Alpine Ice Cores as Climate and Environmental Archives. Oxford Research Encyclopedia of Climate Science. https://doi.org/10.1093/acrefore/9780190228620.013.743

Bohleber, P., Schwikowski, M., Stocker-Waldhuber, M., Fang, L. und Fischer, A., 2020. New glacier evidence for ice-free summits during the life of the Tyrolean Iceman. Sci Rep 10, 20513. https://doi.org/10.1038/s41598-020-77518-9

Compagno, L., Eggs, S., Huss, M., Zekollari, H., and Farinotti, D., 2021. Brief communication: Do 1.0, 1.5, or 2.0 °C matter for the future evolution of Alpine glaciers?, The Cryosphere, 15, 2593–2599, https://doi.org/10.5194/tc-15-2593-2021

Debon, G., 1979. Lao-tse: Tao-Tê-King. Das Heilige Buch vom Weg und von der Tugend, Reclam, Stuttgart, 142 S.

Dohle, O., und Slupetzky, N., 2004. Arbeiter für den Endsieg: Zwangsarbeit im Reichsgau Salzburg 1939–1945. Böhlau Verlag, Wien, 254 S.

Finsterwalder, S., 1889. Aus den Tagebüchern eines Gletschervermessers, Zeitschrift des Deutschen und Oesterreichischen Alpenvereins https://www.alpenverein.at/portal_wAssets/docs/museum-kultur/Gletschermessdienst/Finsterwalder-Gletschervermesser-Zeitschrift-DuOeAV-1889.pdf

Finsterwalder, S., Hann, J., Partsch, J., Penck, A. und Richter, E., 1891. Aufruf. Mitteilungen des DuOeAV (17), S. 106–107.

Fischer, A., Fickert, T., Schwaizer, G., Patzelt, G., und Groß, G., 2019. Vegetation dynamics in Alpine glacier forelands tackled from space, Nature Scientific Reports 9, 13918. https://www.nature.com/articles/s41598-019-50273-2

Fischer, A., Patzelt, G., Achrainer, M., Groß, G., Lieb, G. K., Kellerer-Pirklbauer, A., und Bendler, G., 2018. Gletscher im Wandel: 125 Jahre Gletschermessdienst des Alpenvereins. Springer Spektrum, 140 S. doi:10.1007/978-3-662-55540-8. http://www.springer.com/de/book/9783662555392.

Foerster, H. v., 1993. Wissen und Gewissen: Versuch einer Brücke. Suhrkamp Verlag, Frankfurt am Main 1993.

GLAMOS, 1881–2018. The Swiss Glaciers 1880–2016/17, Glaciological Reports No 1–138, Yearbooks of the Cryospheric Commission of the Swiss Academy of Sciences (SCNAT), published since 1964 by VAW / ETH Zurich, doi:10.18752/glrep_series. https://www.glamos.ch

Gründel, J., 1996. Kairos. In: Lexikon für Theologie und Kirche. Band 5: Hermeneutik bis Kirchengemeinschaft, Herder, Freiburg im Breisgau, 1514 S.

Haid, H., 2004. Mythos Gletscher in den Alpen, Löwenzahn Verlag, Innsbruck, Bozen, 98 S.

Holzhauser, H., Magny, M., und Zumbühl, H. J., 2005. Glacier and lake-level variations in west-central Europe over the last 3500 years. The Holocene, 15(6), 789–801. https://doi.org/10.1191/0959683605hl853ra

Humboldt, A. v., 1845. Kosmos. Entwurf einer physischen Weltbeschreibung. Bd. 1. Cotta, Stuttgart Tübingen, 1845. http://www.deutschestextarchiv.de/book/show/humboldt_kosmos01_1845

Jansen, E., Overpeck, J., Briffa, K. R., Duplessy, J.-C., Joos, F., Masson-Delmotte, V., Olago, D., Otto-Bliesner, B., Peltier, W. R., Rahmstorf, S., Ramesh, R., Raynaud, D., Rind, D., Solomina, O., Villalba, R. und Zhang, D., 2007. Palaeoclimate. In: Solomon, S., D. Qin, M. Manning, Z. Chen, M. Marquis, K. B. Averyt, M. Tignor and H. L. Miller (Hrsg.) Climate Change 2007: The Physical Science Basis. Cambridge University Press, Cambridge, United Kingdom and New York, NY, USA. https://www.ipcc.ch/reports/

Joerin, U., Nicolussi, K., Fischer, A., Stocker, T. F., und Schlüchter, C., 2008. Holocene optimum events inferred from subglacial sediments at Tschierva Glacier, Eastern Swiss Alps. Quaternary Science Reviews, 27, 337–350. 10.1016/j.quascirev.2007.10.016.

Kaiser, P., 1971. Die Rückkehr der Gletscher. Die Welt vor einer Naturkatastrophe. Molden, Wien.

Kellerer-Pirklbauer-Eulenstein, A., Delaloye, R., Lambiel, C., Gärtner-Roer, I., Kaufmann, V., Scapozza, C., Schoeneich, P., 2018. Interannual variability of rock glacier flow velocities in the European Alps. In: 5th European Conference on Permafrost, June 2018, Chamonix, France, Book of Abstract, Edytem, 396–397.

Kinzl, H., 1962. Die Karte von Tirol des Warmund Ygl 1604/05. Begleitworte zur Neuausgabe der Karte anläßlich der Jahrhundertfeier des Österreichischen Alpenvereins im Jahre 1962. Innsbruck.

Kukla, G. J., Matthews, R. K., und Mitchel, J. M., 1972. The end of the present interglacial. Quaternary Research 2/3. 261–445.

Laxness, H., Seelow, H. (Hrsg.), 2012. Weltlicht, Steidl, Göttingen, 646 S.

Luger, K., und Rest, F. (Hrsg.), 2002. Der Alpentourismus. Entwicklungspotenziale im Spannungsfeld von Kultur, Ökonomie und Ökologie, Studienverlag, Innsbruck, 534 S.

Masson-Delmotte, V., Schulz, M., Abe-Ouchi, A., Beer, J., Ganopolski, A., González Rouco, J. F., Jansen, E., Lambeck, K., Luterbacher J., Naish, T., Osborn, T., Otto-Bliesner, B., Quinn, T., Ramesh, R., Rojas, M., Shao X., und Timmermann, A., 2013. Information from Paleoclimate Archives. In: Stocker, T. F., Qin, D., Plattner, G.-K., Tignor, M., Allen, S. K., Boschung, J., Nauels, A., Xia, Y., Bex, V., und Midgley, P. M., (Hrsg.) Climate Change 2013: The Physical Science Basis. Cambridge University Press, Cambridge, United Kingdom and New York, NY, USA.

Meissner, R. S. (Hrsg.), 2012. Erinnerungen. Lebensgeschichten von Opfern des Nationalsozialismus, hrsg. im Auftrag des Nationalfonds der Republik Österreich für Opfer des Nationalsozialismus, Band 2. Wien, 86–87.

Meissel, W., 2014. Der Weg über die Grenze. PROVerbis, Wien. 144 S.

Nicolussi, K., 2013. Zur Geschichte des Vernagtferners – Gletschervorstöße und Seeausbrüche im vergangenen Jahrtausend. In: Koch E. M., Erschbamer, B. (Hrsg.): Klima, Wetter, Gletscher im Wandel. Alpine Forschungsstelle Obergurgl – Band 3, Innsbruck University Press, S. 69–94. https://www.uibk.ac.at/geographie/dendro/pdf/2013-nicolussi-vernagt-afo-reihe-bd3.pdf

Ommanney, S., Wang, W., und Hulbe, C. L., 2010. Women in glaciology, a historical perspective. Journal of Glaciology. 56. 944–964. doi:10.3189/002214311796406202

Paschinger, V., 1958. Firn und Gletschereis als Handelsgüter. In: Paschinger, Herbert (Hrsg.) Geographische Forschungen. Festschrift zum 60. Geburtstag von Hans Kinzl, Schlern-Schriften, 190, 189–194.

Patzelt, G., 2016. Das Bunte Moor in der Oberfernau (Stubaier Alpen, Tirol). Eine neu bearbeitete Schlüsselstelle für die Kenntnis der nacheiszeitlichen Gletscherschwankungen der Ostalpen. Jahrbuch der Geologischen Bundesanstalt, 156, S. 97–107. https://www.zobodat.at/pdf/JbGeolReichsanst_156_0097-0107.pdf

Patzelt, G., 2019, Gletscher. Klimazeugen von der Eiszeit bis zur Gegenwart, Hatje Cantz, Berlin, 264 S.

Paul, F., Rastner, P., Azzoni, R. S., Diolaiuti, G., Fugazza, D., Le Bris, R., Nemec, J., Rabatel, A., Ramusovic, M., Schwaizer, G., und Smiraglia, C. 2020. Glacier shrinkage in the Alps continues unabated as revealed by a new glacier inventory from Sentinel-2, Earth Syst. Sci. Data, 12, 1805–1821, https://doi.org/10.5194/essd-12-1805-2020

Penck, A., und Brückner, E., 1909. Die Alpen im Eiszeitalter, Band 1, C. H. Tauchnitz, Leipzig. https://opac.geologie.ac.at/ais312/dokumente/Penck_1909_Eiszeitalter_Bd_1.pdf

Pfister, C., 1999. Wetternachhersage. 500 Jahre Klimavariationen und Naturkatastrophen (1496–1995). Haupt, Bern, 304 S.

Prinz, A., 2012. Hannah Arendt oder die Liebe zur Welt, Insel Verlag, 326 S.

Raymond, M., Wegmann, M., und Funk, M. 2003. Inventar gefährlicher Gletscher in der Schweiz, VAW Mitteilungen 182, ETH Zürich, 368 S.

Richter, E., 1893. Bericht über die Schwankungen der Gletscher der Ostalpen 1888–1892, Zeitschrift des Deutschen und Oesterreichischen Alpenvereins, 473–485. https://www.alpenverein.at/portal_wAssets/docs/museum-kultur/Gletschermessdienst/Richter-Gletscherschwankungen-1888_1892-Alpenvereins_Zeitschrift-1893.pdf

Richter, E., 1888. Die Gletscher der Ostalpen, J. Engelhorn, Stuttgart, 306 S.

Rosa, H., 2019. Unverfügbarkeit. Residenz Verlag, Wien-Salzburg, 134 S.

Ruthner, A. v., 1861. Ersteigung der hohen Wildspitze im Oetzthale. In: Mitteilungen der Kaiserlich-Königlichen-Geographischen Gesellschaft. Aus dem österreichischen Hochgebirge. 6. Wien 1861, Kapitel XI., S. 216–243.

Schiermeier, Q., 2007. What we don't know about climate change. Nature 445, 580–581. https://www.nature.com/articles/445580a

Schweizerische Gletscherkommission (Hrsg.), 1995. Gletscher im ständigen Wandel. Jubiläumssymposium der Schweizerischen Gletscherkommission: 100 Jahre Gletscherkommission – 100 000 Jahre Gletschergeschichte. Publikation der Schweizerischen Akademie der Naturwissenschaften, Zürich, 218 S.

Sommer, C., Malz, P., Seehaus, T. C. et al., 2020. Rapid glacier retreat and downwasting throughout the European Alps in the early 21st century. Nat. Commun., 11, 3209. https://doi.org/10.1038/s41467-020-16818-0

Spindler, K., Rastbichler-Zissernig, E., Wilfing, H., zur Nedden, D., Nothdurfter, H., 1995. Der Mann im Eis. Neue Funde und Ergebnisse. Springer, Wien, 325 S.

Stocker-Waldhuber, M., Fischer, A., Helfricht, K., und Kuhn, M., 2019. Long-term records of glacier surface velocities in the Ötztal Alps (Austria), Earth Syst. Sci. Data, 11, 705–715, https://doi.org/10.5194/essd-11-705-2019

Suter, P. J. et al., 2005. Prähistorische und frühgeschichtliche Funde aus dem Eis: Der wiederentdeckte Pass über das Schnidejoch. Archäologie der Schweiz (Basel), 28/4, S. 16–23. doi:10.5169/seals-21050

Twain, M., 1880. A Tramp Abroad. London, Chatto & Windus, 553 S.

Tyndall, J., 1860, The glaciers of the Alps. London, John Murray, 444 S. https://www.e-rara.ch/zut/content/titleinfo/2272934.

UNESCO, 1970. Perennial ice and snow masses Technical Papers in Hydrology. A Guide for Compilation and Assemblage of Data for a World Inventory, 1, UNESCO/IASH, Paris.

Vincent, C., Descloitres, M., Garambois, S., Legchenko, A., Guyard, H., und Gilbert A., 2012. Detection of a subglacial lake in Glacier de Tête Rousse (Mont Blanc area, France). Journal of Glaciology, 58, 866–878. https://doi.org/10.3189/2012JoG11J179.

Vuković, M. (Hrsg.), 2019. Von wunderbarer Klarheit: Friedrich Simonys Gletscherfotografien, *1875–1891*, mit Texten von M. Faber, A. Fischer, F. Simony und M. Vuković, Album Verlag, Wien, 104 S.

Walcher, J., 1773. Nachrichten von den Eisbergen im Tyrol, Joseph Kurzböcken, Frankfurt und Leipzig http://diglib.uibk.ac.at/ulbtirol/content/structure/3536303

Werndl, C., Bradley, R., Frigg, R., Steele, K., und Thompson, E., 2017. Philosophie der Klimawissenschaften. In: Lohse, S., und Reydon, T. (Hrsg.), Grundriss Wissenschaftsphilosophie: Die Philosophien der Einzelwissenschaften, Felix Meiner Verlag, Hamburg, 658 S.

Wild, M., Ohmura, A., und Makowski, K., 2007. Impact of global dimming and brightening on global warming. Geophysical Research Letters 34(4), L04702. https://doi.org/10.1029/2006GL028031.

Zekollari, H., Huss, M., und Farinotti, D., 2019. Modelling the future evolution of glaciers in the European Alps under the EURO-CORDEX RCM ensemble, The Cryosphere, 13, 1125–1146. https://doi.org/10.5194/tc-13-1125-2019.

Zemp, M., Huss, M., Thibert, E. et al., 2019. Global glacier mass changes and their contributions to sea-level rise from 1961 to 2016. Nature 568, 382–386. https://doi.org/10.1038/s41586-019-1071-0

## Tausend Dank

Dieses Buch wurde im Homeoffice fertiggestellt, zu Beginn der größten globalen Krise seit dem Zweiten Weltkrieg. Es ist für uns alle ungewohnt, nicht in die geliebten Berge aufbrechen zu können, und noch ist nicht absehbar, wann wir wieder auf die Gletscher können. Uns ist aber bewusst, dass diese Sorge eine der kleinsten in dieser Entwicklung ist und sein wird. Umso mehr möge dieses Buch vielen von der Krise betroffenen Menschen Freude machen, ihnen Kraft geben und eine kurze Auszeit verschaffen, in der wir gemeinsam gedanklich am Eis stehen und uns den Wind um die Nase blasen lassen. Es kommen wieder bessere Zeiten!

Ich bedanke mich bei meiner Familie, meinen FreundInnen und allen persönlichen und wissenschaftlichen WegbegleiterInnen. Ohne die physische, psychische, logistische und materielle Unterstützung sehr vieler Menschen gäbe es keine Ergebnisse in der Gletscherforschung, über die man berichten könnte – danke dafür! Ohne Euch, an Universitäten, in Ministerien, in Landes- und Bundesdienststellen, aber auch und ganz besonders in den Dörfern am Ende der Täler, auf den Hütten, an den Gletscherzungen und in den Schneeschächten könnten wir nicht arbeiten. Besonderer Dank gilt auch den ehrenamtlichen BeobachterInnen der Gletschermessdienste der Alpen und ihren Trägerorganisationen sowie – last not least – den vielen interessierten und gletscherbegeisterten LeserInnen der verschiedenen Gletscherberichte! AF

Viele der Bilder in diesem Buch wären ohne die Hilfe meiner Freunde nicht möglich gewesen. Gerade das Unterwegssein in Fels und Eis war und ist von Freundschaft getragen: Sie ermöglichte größtmögliche Sicherheit in einem Gelände, für das der Begriff Sicherheit eigentlich keine Kategorie mehr ist, ließ manchen Rucksack leichter tragen und gab mir die Kraft, immer und immer wieder weiterzumachen. Danke, Jolly, danke, Raymond, danke, Andi, danke, Max, danke, Franz, danke, Tobi, danke, Mike und danke, Malte. Und natürlich unendlich viel Dank meiner Frau Manuela und meiner Tochter Clarissa, dafür, dass sie mich begleiteten, mir vertrauten und mich ziehen ließen.
Bis heute habe ich nicht nachgerechnet, wieviel Geld ich in die unzähligen Recherchereisen und Bergtouren zu diesem Thema investiert habe, denn dieses Buch war mir eine absolute Herzensangelegenheit. Trotzdem weiß ich eines: Ohne die finanzielle Unterstützung von Tourismusverbänden, allen voran Ötztal Tourismus, und so treuen Partnern wie den Firmen Lowa und Novoflex wäre dieses Projekt nicht möglich gewesen. Ich sage von Herzen Danke an: Carmen Fender, Yvonne Auer, Miriam Tirpitz, Michael Hiesinger, Reinhard Hiesinger, Werner Riethmann, Alexander Nicolai, Michael Frank und Romina Neumaier. Bedanken möchte ich mich auch bei all meinen Ausrüstungspartnern: Markus Nierhaus und Fujifilm, Björn Pados und Zeiss, Andy Schimeck sowie Sarah Kampf mit Lowe Alpine und Rab, Hardy Brenner und B.I.G., Josef Kerschbaumer und Komperdell, Christoph Krah und Beal. BR

## Der Fotograf

Bernd Ritschel, geb. 1963, zählt zu den renommiertesten Bergfotografen und den erfolgreichsten Bergbuchautoren im deutschsprachigen Raum. Er veröffentlichte mehr als zwanzig Bildbände, ein Foto-Lehrbuch, Kalender, hält Vorträge und Foto-Workshops. Bei Tyrolia erschienen bereits die Bildbände „Tirol" (2010), „Austria Alpin" (2. Auflage 2014) sowie „Magische Momente über dem Ötztal". Die vorliegende Dokumentation der Alpengletscher ist für ihn eine absolute Herzensangelegenheit und stand in den letzten Jahren im Zentrum seines fotografischen Schaffens. www.lightwalk.de

## Die Autorin

PD Dr. Andrea Fischer kam durch ihre Begeisterung für den Bergsport in den späten 1980er Jahren erstmals auf die Gletscher. Während ihres Studiums der Physik und der Umweltsystemwissenschaften war sie auch bei Eiskletter- und Skitourenwettkämpfen aktiv und erfolgreich. Als Wissenschaftlerin beschäftigt sie sich seit etwa 20 Jahren mit der Erforschung der alpinen Gletscher. Fischer ist nationale Korrespondentin des World Glacier Monitoring Service, Vorstandsmitglied des Österreichischen Clusters für Umweltgeschichte und war bis 2016 Leiterin des Gletschermessdienstes des Österreichischen Alpenvereins. 2013 wurde sie als Österreicher des Jahres in der Kategorie Forschung ausgezeichnet. Seit 2010 forscht und lehrt sie am Institut für Interdisziplinäre Gebirgsforschung der Österreichischen Akademie der Wissenschaften in Innsbruck. www.andreafischer.at

Aus Gründen der besseren Lesbarkeit wird in dieser Publikation darauf verzichtet, ausschließlich geschlechtsspezifische Formulierungen zu verwenden. Auch wenn personenbezogene Bezeichnungen nur in männlicher Form angeführt sind, beziehen sich die Angaben auf Angehörige jeglichen Geschlechts in gleicher Weise.

Gedruckt mit Unterstützung der Abteilung Kultur im Amt der Tiroler Landesregierung

Dieses Buch wurde mit Farben auf Pflanzenölbasis, Klebestoffen ohne Lösungsmittel und Drucklacken auf Wasserbasis auf FSC-zertifiziertem Papier produziert. FSC (Forest Stewardship Council) ist eine internationale Non-Profit-Organisation, die sich für eine ökologische und sozialverantwortliche Nutzung der Wälder unserer Erde einsetzt.

2. aktualisierte Auflage 2022

Umschlaggestaltung, Layout und digitale Gestaltung: Tyrolia-Verlag, Innsbruck, nach Entwürfen von Manuela Ritschel
Übersichtskarte/Nachsatz: Dipl.-Ing. Kati Heinrich, MSc., Institut für Interdisziplinäre Gebirgsforschung der Österreichischen Akademie der Wissenschaften
Lithografie: Artilitho, Lavis (I)
Druck und Bindung: FINIDR, Tschechien
ISBN 978-3-7022-3846-9
E-Mail: buchverlag@tyrolia.at
Internet: www.tyrolia-verlag.at

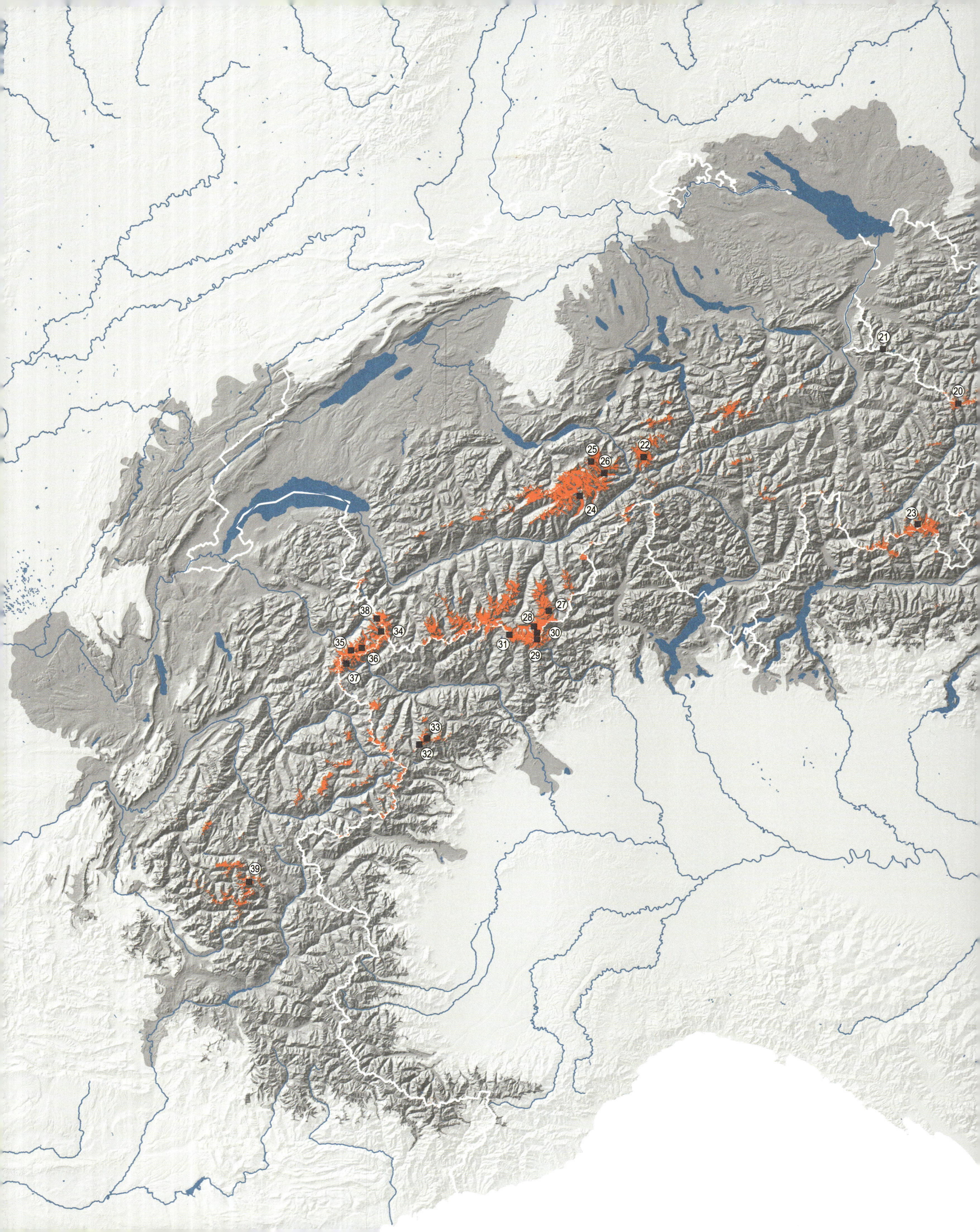
21
20
25
26
22
24
23
38
34
35
36
37
28
27
31
30
29
33
32
39